"十二五"职业教育国家规划教材
经全国职业教育教材审定委员会审定

焊接机器人操作技术

主　编　乌日根
副主编　李林贺
参　编　安普光　孙　辉　吴久林
主　审　韩永全

机械工业出版社

本教材为“十二五”职业教育国家规划教材，经全国职业教育教材审定委员会审定。全书除绪论外共分6章，第1章根据国内外焊接机器人现状和发展趋势，重点讲述工业机器人的种类、构成及应用，并对弧焊机器人和点焊机器人做了简要介绍；第2章讲述焊接机器人的安全操作；第3、4、5章以Panasonic焊接机器人为对象，讲述焊接机器人在线编程操作、综合实训及典型接头机器人焊接实例；第6章以Panasonic焊接机器人DTPS系统为例，讲述焊接机器人离线编程的各项操作。每章都有综合练习，书末附有部分综合练习答案。

本教材在编写过程中，以“基本操作技术”为主线，将在线编程操作和离线编程操作相结合，围绕编程、机器人移动操作、施焊及安全操作，合理安排综合实训、工程实例等内容，使学生掌握生产一线焊接机器人操作的基本技能。全书图文并茂，实用性强，便于组织“工学结合、理实一体化”教学。

本教材根据教育部高职高专教育的指导思想和高等职业教育教学改革和培养目标编写，适合高职院校焊接专业学生使用，也可供焊接机器人操作者和焊接自动控制技术人员使用。

本教材配有电子课件，凡使用本教材的教师可登录机械工业出版社教育服务网（http：//www.cmpedu.com）下载。咨询电话：010-88379375。

图书在版编目（CIP）数据

焊接机器人操作技术/乌日根主编. —北京：机械工业出版社，2016.6（2025.8重印）

“十二五”职业教育国家规划教材 经全国职业教育教材审定委员会审定

ISBN 978-7-111-53836-3

Ⅰ.①焊… Ⅱ.①乌… Ⅲ.①焊接机器人-高等职业教育-教材 Ⅳ.①TP242.2

中国版本图书馆CIP数据核字（2016）第111343号

机械工业出版社（北京市百万庄大街22号 邮政编码100037）
策划编辑：边 萌 责任编辑：边 萌 邹云鹏
责任校对：赵 蕊 封面设计：鞠 杨
责任印制：张 博
固安县铭成印刷有限公司印刷
2025年8月第1版第9次印刷
184mm×260mm · 10.25印张 · 245千字
标准书号：ISBN 978-7-111-53836-3
定价：35.00元

电话服务	网络服务
客服电话：010-88361066	机　工　官　网：www.cmpbook.com
010-88379833	机　工　官　博：weibo.com/cmp1952
010-68326294	金　书　网：www.golden-book.com
封底无防伪标均为盗版	机工教育服务网：www.cmpedu.com

前　言

本教材经过机械工业出版社选题立项、申报，由教育部专家组评审确定为“十二五”职业教育国家规划教材，又被机械工业教育发展中心评为全国机械行业高等职业教育“十二五”规划教材。教材根据教育部高职高专教育的指导思想和高等职业教育教学改革和培养目标编写，适合高职院校焊接专业学生使用，也可供从事焊接自动控制技术的人员使用。

本教材共6章：第1章根据国内外焊接机器人现状和发展趋势，重点讲述工业机器人种类、构成及应用，并对弧焊机器人和点焊机器人做了简要介绍；第2章讲述焊接机器人的安全操作；第3、4、5章以Panasonic焊接机器人为对象，讲述焊接机器人在线编程操作、综合实训及典型接头机器人焊接实例；第6章以Panasonic焊接机器人DTPS系统为例，讲述焊接机器人离线编程的各项操作。每章都有综合练习，书末附有部分练习答案。

本教材的编写具有以下特点：

（1）注重体现职业教育先进教学理念和方法，安排操作实训、工程实例，力求满足“工学结合、理实一体化”教学需要。

（2）以基本操作技术为主线，以能力为本位，凸显应用性和实用性，主要培养学生的焊接机器人实际操作能力，满足生产一线焊接机器人操作岗位需要。

（3）以培养生产一线焊接机器人操作者为教学目标，以编程、机器人移动操作、施焊及安全操作等为主要教学内容，摒弃机器人理论性很强的内容。

（4）将“在线编程操作”和“离线编程操作”相结合，培养学生焊接机器人综合操作能力。

（5）编写典型焊接接头示教程序，合理制定焊接工艺，熟练完成施焊操作，着力培养学生的焊接应用能力。

（6）引入安全操作相关章节，贯穿国家有关机器人安全操作规程，提高教师和学生的机器人焊接生产安全意识。

本教材由以下人员编审：

主编乌日根（包头职业技术学院）负责全书统稿，并编写绪论、第3章；副主编李林贺（天津力神电池股份有限公司）编写第2章；参编安普光（包头职业技术学院）编写第1章、第6章；参编孙辉（长春职业技术学院）编写第4章；参编吴久林（包头职业技术学院）编写第5章。内蒙古工业大学韩永全教授任主审。

在编写过程中，编者参阅国内外出版的焊接机器人相关教材、资料及一些网络文献，在此一并表示衷心感谢！

由于编者水平有限，书中漏误之处在所难免，恳请广大读者批评指正。

编　者

目　录

绪　论

焊接机器人是工业机器人中的一种，是在焊接生产领域代替焊工从事焊接任务的工业机器人。据不完全统计，全世界在役的工业机器人中，大约近一半用于各种形式的焊接加工领域。对焊接作业而言，焊接机器人是能够自动控制、可重复编程、多功能、多自由度的焊接操作机。目前在焊接生产中使用的主要是点焊机器人、弧焊机器人、钎焊机器人和激光焊接机器人，其中应用最普遍的是点焊机器人和弧焊机器人。

多数焊接机器人是通用工业机器人装上某种焊接工具而构成的。在多任务环境中，一台机器人甚至可以完成包括焊接在内的抓物、搬运、安装、焊接、卸料等多种任务。机器人可以根据程序要求和任务性质，自动更换机器人手腕上的工具，完成相应的任务。因此，从某种意义上来说，工业机器人的发展历史就是焊接机器人的发展历史。

0.1　工业机器人

0.1.1　国外工业机器人

1920 年捷克作家卡雷尔·查培克在其剧本《罗萨姆的万能机器人》中最早使用“机器人”一词，剧中机器人“Robot”这个词的本义是苦力，即剧作家笔下的一个具有人的外表、特征和功能的机器，是一种人造的劳力，它是最早的工业机器人设想。

20 世纪 40 年代中后期，机器人的研究与发明得到了更多人的关心与关注。20 世纪 50 年代以后，美国橡树岭国家实验室开始研究能搬运核原料的遥控操纵机械手，这是一种主从型控制系统。在系统中加入力反馈，可使操作者获知施加力的大小，主从机械手之间有防护墙隔开，操作者可通过观察窗或闭路电视对主从机械手操作机进行有效的监视，主从机械手系统的出现为近代机器人的设计与制造做了铺垫。

1954 年，美国人戴沃尔最早提出了工业机器人的概念，并申请了专利。该专利的要点是借助伺服技术控制机器人的关节，利用人手对机器人进行动作示教，机器人能实现动作的记录和再现，这就是所谓的示教再现机器人。现有的机器人差不多都采用这种控制方式。1959 年，UNIMATION 公司的第一台工业机器人在美国诞生，开创了机器人发展的新纪元。20 世纪 50 年代末，美国在机械手和操作机的基础上，采用伺服机构和自动控制等技术，研制出通用性的、独立的工业用自动操作装置，并将其称为工业机器人；20 世纪 60 年代初，美国研制成功两种工业机器人，并很快在工业生产中得到应用；1969 年，美国通用汽车公司用 21 台工业机器人组成了焊接轿车车身的自动生产线。此后，各工业发达国家都很重视研制和应用工业机器人。

当今工业机器人技术正逐渐向着具有行走能力、具有多种感知能力、具有较强的对作业环境的自适应能力的方向发展。目前，对全球机器人技术发展最有影响的国家是美国和日本。美国在工业机器人技术的综合研究水平上仍处于领先地位，而日本生产的工业机器人在数量、种类方面则居世界首位。

0.1.2 国内工业机器人

我国工业机器人起步于20世纪70年代初期，经过20多年的发展，大致经历了3个阶段：20世纪70年代的萌芽期，20世纪80年代的开发期和20世纪90年代的适用化期。20世纪70年代是世界科技发展的一个里程碑：人类登上了月球，实现了金星、火星的软着陆，我国也发射了人造卫星。世界上工业机器人应用掀起了一个高潮，尤其在日本发展更为迅猛，它补充了日益短缺的劳动力。在这种背景下，我国于1972年开始研制自己的工业机器人。进入20世纪80年代后，在高新技术浪潮的冲击下，随着改革开放的不断深入，我国机器人技术的开发与研究得到了政府的重视与支持。“七五”期间，国家投入资金，对工业机器人及其零部件进行攻关，完成了示教再现式工业机器人成套技术的开发，研制出了喷涂、点焊、弧焊和搬运机器人。1986年，“国家高新技术研究发展计划（863计划）”开始实施，以智能机器人为主题的开发研制跟踪世界机器人技术的前沿，经过几年的研究，取得了一大批科研成果，成功地研制出了一批特种机器人。

从20世纪90年代初期起，我国的国民经济进入实现两个根本转变时期，掀起了新一轮的经济体制改革和技术进步热潮，我国的工业机器人又在实践中迈进一大步，先后研制出了点焊、弧焊、装配、喷漆、切割、搬运、包装码垛等各种用途的工业机器人，并实施了一批机器人应用工程，形成了一批机器人产业化基地，为我国机器人产业的腾飞奠定了基础。

虽然中国的工业机器人产业在不断的进步中，但和国际同行相比，差距依旧明显，从市场占有率来说，更无法相提并论。工业机器人很多核心技术，目前我们尚未掌握，这是影响我国机器人产业发展的一个重要瓶颈。

课堂笔记：

0.2 焊接机器人

焊接机器人是工业机器人中应用最广泛的一种。近十多年来，微电子学、计算机科学、通信技术和人工智能控制的迅猛发展，为先进制造技术水平的提高带来了前所未有的机遇。焊接机器人是机电一体化的高科技成果，它对制造技术水平的提高起到了推动作用。随着现代高新技术产品的发展和对焊接产品质量、数量的需求不断提高，以焊接机器人为核心的焊接自动化技术已有长足的发展。

焊接机器人是焊接自动化的革命性进步，它突破了焊接刚性自动化的传统方式，开拓了一种柔性自动化生产方式，并且实现了在一条焊接机器人生产线上同时自动生产若干种焊件。从20世纪60年代诞生，发展到现在，焊接机器人可大致分为三代：

第一代是指基于示教再现方式工作的焊接机器人。由于其具有操作简便、不需要环境模型、示教时可修正机械结构带来的误差等特点，这种焊接机器人在焊接生产中得到大量使用。

第二代是指基于一定传感器信息的离线编程焊接机器人。得益于焊接传感器技术的不断改进，这类焊接机器人现已进入应用研究的阶段。

第三代是指装有多种传感器，接受作用指令后能根据环境自行编程的高度适应性智能焊接机器人。这是类似人类的智能机器人，它的未来发展方向是有知觉、有思维、能与人对话。由于人工智能技术的发展相对滞后，这一代机器人正处于试验研究阶段。随着计算机控制技术的不断进步，如何使焊接机器人由单一的示教再现型向智能化的方向发展，成为科研人员追求的目标。

目前，国际机器人界都在加大科研力度，进行机器人共性技术的研究。从机器人技术发展趋势看，焊接机器人和其他工业机器人一样，不断向智能化和多样化方向发展。具体而言，表现在如下几个方面。

1. 机器人操作机结构

通过有限元分析、模态分析及仿真设计等现代设计方法的运用，实现机器人操作机的优化设计；探索新的高强度轻质材料，进一步提高负载/自重比。例如，以德国 KUKA 公司为代表的机器人公司，已将机器人并联平行四边形结构改为开链结构，拓展了机器人的工作范围，加之轻质铝合金材料的应用，大大提高了机器人的性能。此外，采用先进的 RV 减速器及交流伺服电动机，使机器人操作机几乎成为免维护系统。

机构向着模块化、可重构方向发展。例如，关节模块中的伺服电动机、减速机、检测系统三位一体化，将关节模块、连杆模块用重组方式构造机器人整机，国外已有模块化装配机器人产品问世。机器人的结构更加灵巧，控制系统越来越小，二者正朝着一体化方向发展。

采用并联机构，利用机器人技术实现高精度测量及加工，这是机器人技术向数控技术的拓展，为将来实现机器人和数控技术一体化奠定了基础。意大利 COMAU 公司、日本 FANUC 等公司已开发出了此类产品。

2. 机器人控制系统

重点研究开放式模块化控制系统。向基于个人计算机（PC）的开放型控制器方向发展，便于标准化、网络化；器件集成度提高，控制柜日见小巧，且采用模块化结构，大大提高了系统的可靠性、易操作性和可维修性。控制系统的性能进一步提高，已由过去控制标准的 6 轴机器人发展到现在能够控制 21 轴甚至 27 轴，并且实现了软件伺服和全数字控制。

人机界面更加友好，语言、图形编程界面正在研制之中。机器人控制器的标准化和网络化，以及基于 PC 的网络式控制器已成为研究热点。编程技术除进一步提高在线编程的可操作性之外，离线编程的实用化将成为研究重点，在某些领域离线编程已实现实用化。

3. 机器人传感技术

机器人中的传感器作用日益重要，除采用传统的位置、速度、加速度等传感器外，装配、焊接机器人还应用了激光传感器、视觉传感器和力传感器，并实现了焊缝自动跟踪和自动化生产线上物体的自动定位以及精密装配作业等，大大提高了机器人的作业性能和对环境的适应性。

遥控机器人则采用视觉、声觉、力觉、触觉等多传感器的融合技术来进行环境建模及决策控制。为进一步提高机器人的智能和适应性，多种传感器的使用是问题解决的关键，其研究热点在于有效可行的多传感器融合算法，特别是在非线性及非平稳、非正态分布情形下的多传感器融合算法。另一个问题就是传感系统的实用化。

4. 网络通信功能

日本 YASKAWA 公司和德国 KUKA 公司的最新机器人控制器已实现了与 Canbus、Profibus 总线及一些网络的连接，使机器人由过去的独立应用向网络化应用迈进了一大步，也使机器人由过去的专用设备向标准化设备发展。

5. 机器人遥控和监控技术

在一些诸如核辐射、深水、有毒等高危险环境中进行焊接或其他作业时，需要有遥控的机器人代替人去工作。当代遥控机器人系统的发展特点不是追求全自治系统，而是致力于操作者与机器人的人机交互控制，即遥控加局部自主系统构成完整的监控遥控操作系统，使智能机器人走出实验室进入实用化阶段。美国发射到火星上的“索杰纳”机器人就是这种系统成功应用的最著名实例。多机器人和操作者之间的协调控制，可通过网络建立大范围内的机器人遥控系统，在有时延的情况下，建立预先显示进行遥控等。

6. 虚拟机器人技术

虚拟现实技术在机器人中的作用已从仿真、预演发展到用于过程控制，如使遥控机器人操作者产生置身于远端作业环境中的感觉来操纵机器人。基于多传感器、多媒体和虚拟现实以及临场感技术，实现机器人的虚拟遥控操作和人机交互。

7. 机器人性能价格比

机器人性能不断提高（高速度、高精度、高可靠性、便于操作和维修），而单机价格不断下降。由于微电子技术的快速发展和大规模集成电路的应用，使机器人系统的可靠性有了很大提高。过去机器人系统的平均无故障时间（MTBF）一般为几千小时，而现在已达到5万小时，可以满足任何场合的需求。

8. 多智能体调控技术

这是目前机器人研究的一个崭新领域。主要对多智能体的群体体系结构、相互间的通信与磋商机理、感知与学习方法、建模和规划、群体行为控制等方面进行研究。

近年来，人类的活动领域不断扩大，机器人应用也从制造领域向非制造领域发展。像海洋开发、宇宙探测、采掘、建筑、医疗、农林业、服务、娱乐等行业都提出了自动化和机器人化的要求。这些行业与制造业相比，其主要特点是工作环境的非结构化和不确定性，因而对机器人的要求更高，需要机器人具有行走功能、对外感知能力以及局部的自主规划能力等，是机器人技术的一个重要发展方向。

可以预见，在21世纪，各种先进的机器人系统将会进入人类生活的各个领域，成为人类良好的助手和亲密的伙伴。

课堂笔记：

0.3　焊接机器人的优势及局限性

0.3.1　主要优势

焊接机器人之所以能够占据整个工业机器人总量的40%以上，与焊接这个特殊行业有关。焊接作为工业“裁缝”，是工业生产中非常重要的加工手段，同时，焊接时存在烟尘、弧光和金属飞溅，其工作环境非常恶劣，而焊接质量的好坏又对产品质量起着决定性作用。

(1) 稳定和提高焊接质量，且保证其均一性。焊接参数如焊接电流、电压、焊接速度及焊丝干伸长度等对焊接结果起决定作用。采用机器人焊接时，每条焊缝的焊接参数都是恒定的，焊缝质量受人的因素影响较小，降低了对工人操作技术的要求，因此焊接质量是稳定的。而人工焊接时，焊接速度、干伸长等都是变化的，因此很难做到质量的均一性。

(2) 提高生产率，一天24h连续生产。机器人没有疲劳，一天可24h连续生产。另外，随着高速、高效焊接技术的应用，使用机器人焊接，效率提高更加明显。

(3) 改善工人劳动条件。采用机器人焊接时，工人只需装卸工件，远离了焊接弧光、烟雾和飞溅等，对于点焊来说，工人不再搬运笨重的手工焊钳，使工人从高强度的体力劳动中解脱出来。

(4) 降低对工人操作技术的要求。

(5) 缩短产品改型换代的准备周期，减少相应设备投资。机器人与专机的最大区别就是，机器人可以通过修改程序以适应不同工件的生产。

(6) 可实现小批量产品焊接自动化。

(7) 为焊接柔性生产线提供技术基础。

0.3.2　局限性

以当前广泛使用的示教再现型焊接机器人为例，主要存在以下几个方面的局限性。

1. 必须进行示教作业

(1) 在机器人进行自动焊接前，操作人员必须示教机器人焊枪的轨迹和设定焊接条件等。

(2) 由于必须示教，所以机器人不适于多品种少量生产的产品焊接。

2. 必须确保工件的精度

机器人轨迹精度为±0.1mm，以此精度重复相同的动作。焊接偏差大于焊丝半径时，有可能焊接不好，所以工件精度应保持在焊丝半径之内。

3. 焊接条件的设定取决于示教作业人员的技术水平

(1) 操作人员进行示教时必须输入焊接程序、焊枪姿态和角度，以及电流、电压、速度等焊接条件。

(2) 示教操作人员必须充分掌握焊接知识和焊接技巧。

4. 必须充分注意安全

(1) 机器人是一种高速运动设备，在其进行自动运行时绝对不允许人靠近机器人（必须设置安全护栏）。

（2）操作人员必须接受劳动安全方面的专门教育，否则不准操作。

课堂笔记：____

0.4 本教材的主要内容及课程要求

0.4.1 主要内容

“焊接机器人操作技术”是高职高专焊接专业的专业深化课程之一。本教材概述了工业机器人的组成、分类、控制系统及其发展，焊接机器人的种类、特点及应用。重点以松下机器人为例介绍焊接机器人的操作技术，如焊接机器人的安全操作、在线操作、离线操作、施焊操作等。

0.4.2 课程要求

通过完成本教材的学习任务，学习者应达到以下能力要求：

（1）了解工业机器人的组成、分类、控制系统及其发展趋势。

（2）熟悉焊接机器人系统的结构、种类、应用现状及其发展趋势，了解弧焊机器人及点焊机器人的应用情况。

（3）掌握焊接机器人操作安全知识，树立安全操作意识。

（4）能够熟悉焊接机器人离线编程环境，掌握离线编程的基本能力。

（5）能够熟练掌握焊接机器人在线操作技术，如点、直线、圆弧及摆动等相关的示教、编程、再现等操作。

（6）能够合理设置焊接电流、焊接电压及焊接速度等焊接工艺参数，熟练完成典型接头的机器人焊接作业。

【综合练习】

一、选择题

1. 焊接机器人是____中的一种，是在焊接生产领域代替焊工完成焊接任务的自动化机器。

A. 埋弧自动焊机　　B. 工业机器人　　C. 空间机器人　　D. 娱乐机器人

2. 焊接机器人可大致分为____。

A. 二代　　B. 三代　　C. 四代　　D. 五代

3. 机器人是一种高速的运动设备，在其进行自动运行时绝对不允许人靠近机器人，因此必须设置____。

A. 安全警示牌　　B. 温馨提示牌　　C. 安全员岗位　　D. 安全护栏

4. 操作焊接机器人的人员必须接受________方面的专门教育，否则不准操作。

A. 维护　　B. 保养　　C. 劳动安全　　D. 设备

二、判断题（正确的打“√”，错误的打“×”）

（　　）1. 焊接机器人是能够自动控制、可重复编程、多功能、多自由度的焊接操作机。

（　　）2. 目前，焊接机器人只有点焊机器人和弧焊机器人两种。

（　　）3. 焊接机器人将稳定和提高焊接质量，且保证其均一性。

（　　）4. 焊接机器人提高了焊接生产率，可一天 24h 连续生产。

三、简答题

1. 简述国内外工业机器人概况。
2. 说一说焊接机器人的发展动向。
3. 焊接机器人都有哪些特点？

四、实践题

1. 深入了解周边企业焊接机器人的使用情况。
2. 查阅和搜集焊接机器人种类及应用方面的最新资料。

第1章　机　器　人

1.1　机器人概述

1.1.1　机器人的种类

机器人是自动执行工作的机器装置，是靠自身动力和控制能力来实现各种功能的一种机器。它可以接受人类指挥，也可以按照预先编排的程序运行，现代机器人还可以根据人工智能技术制定的原则纲领行动。关于机器人如何分类，国际上没有制定统一的标准，通常有下列分类方法。

（1）按机器人机械手的几何结构来分类，见表1-1。

表1-1　按机器人机械手的几何结构分类

名 称	机器人结构类型	说　明
直角坐标机器人	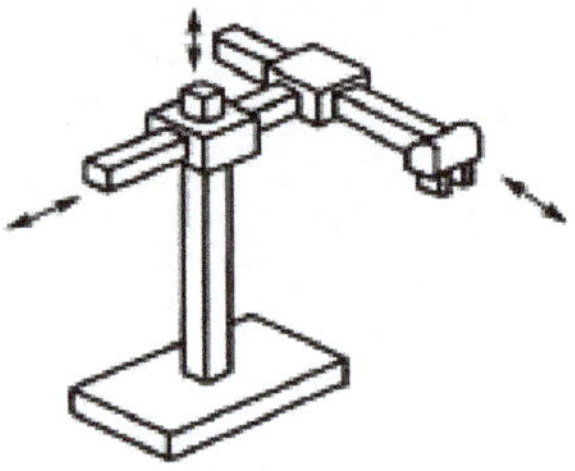	手臂具有三个棱柱关节，其轴线按直角坐标配置，运动学模型简单直观，需要较大的操作空间，多做成大型龙门式或框架式机器人
圆柱坐标机器人	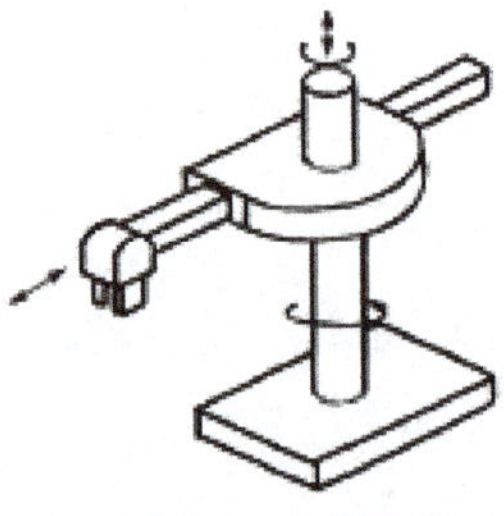	手臂至少有一个回转关节和一个棱柱关节，其轴线按圆柱坐标配置，运动学模型简单直观，易于进入开口部分
极坐标机器人	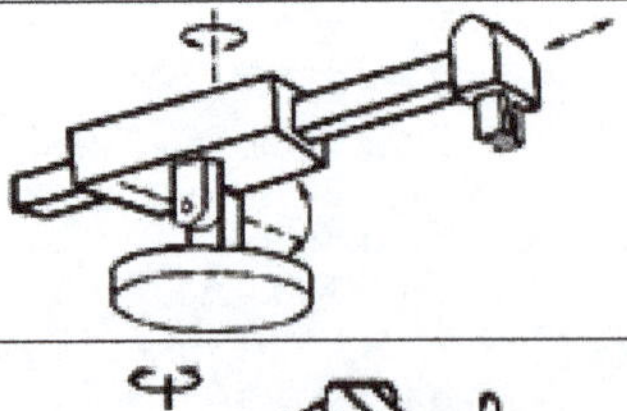	手臂有两个回转关节和一个棱柱关节，其轴线按极坐标配置，运动学模型较复杂，占用空间较小，操作范围大且灵活
关节机器人	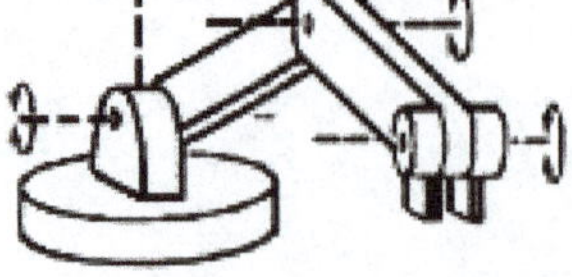	手臂具有三个回转关节，具有最好的操作灵活性和可达性，工作空间大，运动学模型较复杂，视觉上不直观，结构刚度较差

（续）

名 称	机器人结构类型	说 明
平面关节型（SCARA）机器人	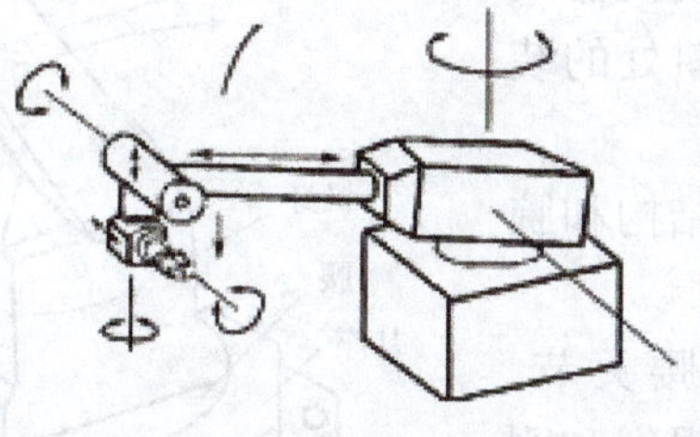	它有三个旋转关节和一个移动关节，为水平关节型结构，柔顺性好，能够实现高精度和高速度运动

（2）按机器人的控制方式分类，分为非伺服机器人（non－servo robots）和伺服控制机器人（servo－controlled robots）。

（3）按机器人的智能程度分类，分为一般机器人（不具有智能，只具有一般编程能力和操作功能）和智能机器人（具有不同程度的智能）。

（4）按用途分类，例如焊接机器人可分为弧焊机器人和点焊机器人两种。

（5）按执行机构运动的控制机能分类，又可分为点位型和连续轨迹型。点位型只控制执行机构由一点到另一点的准确定位，适用于机床上下料、点焊和一般搬运、装卸等作业；连续轨迹型可控制执行机构按给定轨迹运动，适用于连续焊接和涂装等作业。

（6）按程序输入方式分类，可分为编程输入型和示教输入型两类。编程输入型是将计算机上已编好的作业程序文件，通过 RS232 串口或者以太网等通信方式传送到机器人控制柜。

示教输入型的示教方法有两种：一种是由操作者用手动控制器（示教操纵盒），将指令信号传给驱动系统，使执行机构按要求的动作顺序和运动轨迹操演一遍；另一种是由操作者直接领动执行机构，按要求的动作顺序和运动轨迹操演一遍。在示教过程的同时，工作程序的信息即自动存入程序存储器中。在机器人自动工作时，控制系统从程序存储器中检出相应信息，将指令信号传给驱动机构，使执行机构再现示教的各种动作。示教输入程序的工业机器人称为示教再现型工业机器人。

课堂笔记：

1.1.2 机器人系统的基本构成

机器人一般由机械主体、感测器、驱动系统和控制器四部分组成。

1. 机械主体

机械主体通常由机器人基座、关节、末端执行器等部分组成。

基座是支撑机械主体其他部件的基础，通常有移动型和固定型两类。关节与人的关节相似，在控制器的控制下通常可使其上的两个零部件相对移动或转动，它使得机器人的末端执行器能够实现灵巧的动作。末端执行器是为使机器人完成其任务而专门设计并安装在机械接口处的装置。

机械主体结构包括腰部结构、臂部结构和腕部结构，如图 1-1 所示。

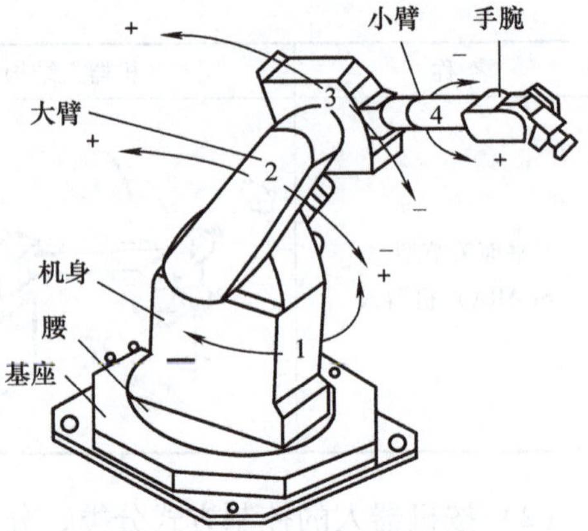

图 1-1　机器人的机械主体

（1）腰部结构　腰部包括基座和腰关节。基座承受机器人全部重量，要有足够的强度和刚度，一般用铸铁或铸钢制造，基座要有一定的尺寸，以保证操作机的稳定，并满足驱动装置及电缆的安装。腰关节是负载最大的运动轴，对末端执行器运动精度影响最大，故设计精度要求高。

（2）臂部结构　臂部的作用是连结腰部和腕部，实现操作机在空间中的运动。手臂的长度尺寸要满足工作空间的要求。由于手臂的刚度、强度直接影响机器人的整体运动刚度，同时又要灵活运动，故应尽可能选用高强度轻质材料，以减轻其重量。

（3）腕部结构　腕部用来连接操作机手臂和末端执行器，并决定末端执行器在空间的姿态。腕部一般应有 2～3 个自由度，结构要紧凑，质量较小，各运动轴采用分离传动。图 1-2 所示为松下公司机器人的腕部结构。

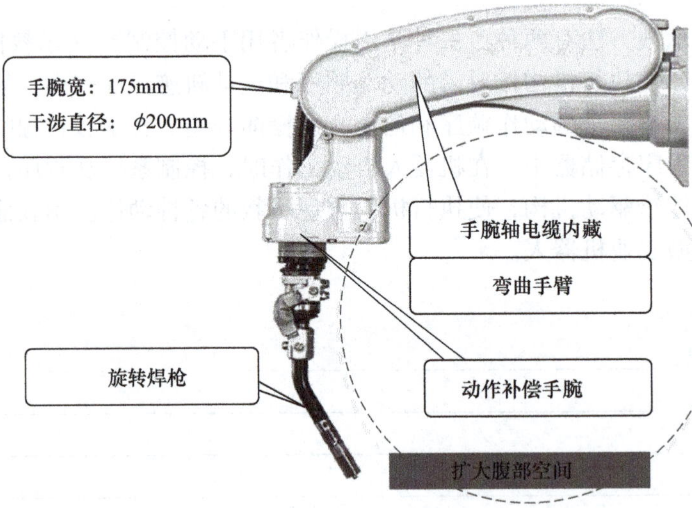

图 1-2　松下公司机器人的腕部结构图

2. 感测器

感测器又可称为传感器系统。机器人所用传感器又分为内部传感器和外部传感器两类，前者用来检测自身状态信息，主要是位置、速度、加速度等传感器，并且作为反馈信号构成伺服控制；后者是用来检测机器人作业对象和作业环境信息的传感器。

3. 驱动系统

机器人常采用的关节驱动装置有电力驱动装置、液压驱动装置和气动驱动装置。

（1）电力驱动装置　机器人关节采用电气驱动装置，通常具有较高的定位精度，且速度和加速度容易控制。在电气驱动装置中一般采用步进电动机、直流伺服电动机、交流伺服电动机、水平对置式电动机。

（2）液压驱动装置　液压驱动装置可以连续地控制几个轴的运动，并且可以使机器人精确地移动到确定的空间点，它由液压马达和连续变量泵组成。液压驱动装置的特点是可以传送较大的扭矩和力，其不足是由于内部工作油的黏度随环境温度的变化而变化，会造成控制特性的不稳定。它也不如电气驱动装置干净，常常会因工作油的泄漏、操作时的噪声造成对工作环境的污染。

（3）气动驱动装置　气动驱动装置结构简单，成本较低，反应时间快，易于维修。因为空气的可压缩性大，所以机器人采用气动驱动装置所达到的定位精度较低，承载能力较差，执行部件运动的速度也难以控制，当关节运动到终点时可能会出现一些颤动。因此，这种驱动装置比较适合从固定的起始位置到固定的终点位置的点对点的位置控制。

4. 控制器

控制器是机器人的控制和指挥中心，它实际上也是一个专门用于控制机器人的计算机。它通过输入设备接收人或其他控制系统的命令，经过运算来控制和协调机器人每个关节的运动位置、速度，指挥机器人的基座、关节及手爪执行作业。图1-3所示是机器人控制系统的控制原理。

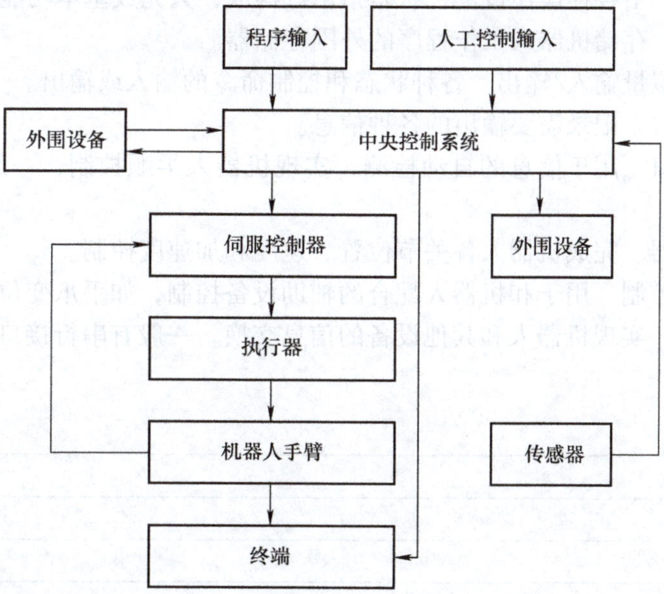

图1-3　机器人控制系统的控制原理

如图1-4所示，控制计算机控制系统的调度指挥机构，一般为微型计算机，其处理器有32位、64位等，如奔腾系列CPU以及其他类型CPU。

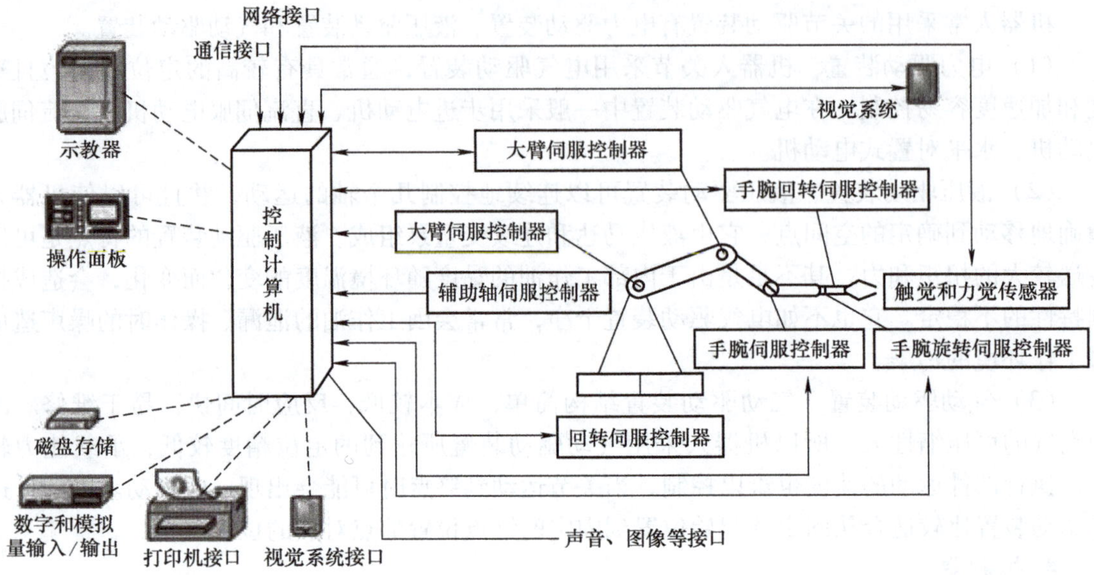

图 1-4 机器人控制系统的组成框图

（1）示教器 示教机器人的工作轨迹和参数设定，以及所有人机交互操作，拥有自己独立的 CPU 以及存储单元，与主计算机之间以串行通信方式实现信息交互。

（2）操作面板 由各种操作按键、状态指示灯构成，只完成基本功能操作。

（3）磁盘存储 存储机器人工作程序的外围存储器。

（4）数字和模拟量输入/输出 各种状态和控制命令的输入或输出。

（5）打印机接口 记录需要输出的各种信息。

（6）传感器接口 用于信息的自动检测，实现机器人柔顺控制，一般为触觉和力觉传感器。

（7）伺服控制器 完成机器人各关节位置、速度和加速度控制。

（8）辅助设备控制 用于和机器人配合的辅助设备控制，如手爪变位器等。

（9）通信接口 实现机器人和其他设备的信息交换，一般有串行接口、并行接口等。

课堂笔记：

1.1.3 机器人的应用

国外的汽车行业、电子电器行业、工程机械行业等已经大量使用机器人自动化生产线，以保证产品质量，提高生产率，同时避免了大量的工伤事故。机器人在工业生产中能代替人做某些单调、频繁和重复的长时间作业，或是危险、恶劣环境下的作业，例如在冲压、压力铸造、热处理、焊接、涂装、塑料制品成型、机械加工和简单装配等工序上，以及在原子能工业等部门中，完成对人体有害物料的搬运或工艺操作。全球诸多国家近半个世纪的工业机器人的使用实践表明，工业机器人的普及是实现自动化生产，提高社会生产效率，推动企业和社会生产力发展的有效手段。下面以焊接方面的应用为例，简要介绍机器人的具体应用。

1. 机器人焊接工作站

（1）简介　随着电子技术、计算机技术、数控及机器人技术的发展，自动弧焊机器人工作站从20世纪60年代开始用于生产以来，其技术已日益成熟，在各行各业已得到了广泛的应用。该系统一般多采用熔化极气体保护焊（MIG、MAG、CO_2焊）或非熔化极气体保护焊（TIG、等离子弧焊）方法。设备一般包括：焊接电源、焊枪和送丝机构、焊接机器人系统及相应的焊接软件及其他辅助设备等。

目前，多种自动机器人焊接工作站的应用，为企业带来了良好的效益，在自动机器人焊接工作站领域积累了丰富的经验。

图1-5所示为几种典型机器人焊接工作站。

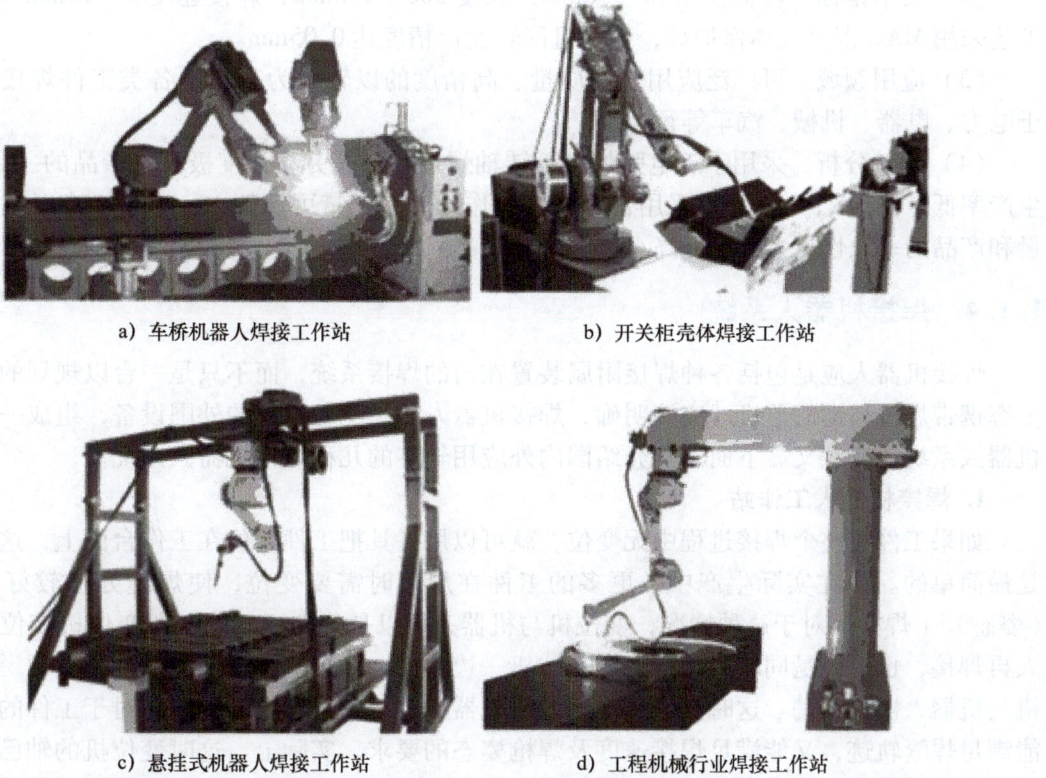

a）车桥机器人焊接工作站　b）开关柜壳体焊接工作站

c）悬挂式机器人焊接工作站　d）工程机械行业焊接工作站

图1-5　机器人焊接工作站

（2）技术指标

1）工件尺寸：可按用户的工件大小设计。

2）工件重量：可按用户要求设计。

3）焊接速度：一般取5~50mm/s，根据焊缝大小来选定。

4）机器人重复定位精度：±0.05mm。

5）移动机构重复定位精度：±0.1mm。

6）变位机重复定位精度：±0.1mm。

（3）应用领域　自动机器人焊接工作站可广泛地应用于铁路、航空航天、军工、冶金、汽车、电器等各个行业。

（4）用户反馈　采用机器人进行焊接作业可以极大地提高生产率和经济效益；另一方面，机器人的移位速度快，可达3m/s甚至更快。一般而言，采用机器人焊接比同样用人工焊接，效率可提高2~4倍，焊接质量优良且稳定。

2. 转轴自动焊接工作站

（1）简介　转轴自动焊接工作站用于以转轴为基体（上置若干悬臂）的各类工件的焊接，它由焊接机器人、回转双工位变位机（若干个工位）及工装夹具组成。在同一工作站内通过使用不同的夹具可实现多品种的转轴自动焊接，焊接的相对位置精度很高。由于采用双工位变位机，在焊接的同时，其他工位可拆装工件，极大地提高了效率。

（2）技术指标　转轴直径10~50mm，长度300~900mm，焊接速度3~15mm/s，焊接工艺采用MAG混合气体保护焊，变位机回转变位精度达0.05mm。

（3）应用领域　可广泛应用于高质量、高精度的以转轴为基体的各类工件焊接，适用于电力、电器、机械、汽车等行业。

（4）效益分析　采用手工电弧焊进行转轴焊接，工人劳动强度极大，产品的一致性差，生产率低，仅为2~3件/h。采用自动焊接工作站后，产量可达到15~20件/小时，焊接质量和产品的一致性也大幅度提高。

1.1.4　焊接机器人系统

焊接机器人应是包括各种焊接附属装置在内的焊接系统，而不只是一台以规划的速度和姿态携带焊枪移动的单机。应该明确，焊接机器人必须配备相应的外围设备，组成一个焊接机器人系统才有意义。下面分别介绍国内外应用较多的几种焊接机器人系统。

1. 焊接机器人工作站

如果工件在整个焊接过程中无变位，就可以用夹具把工件定位在工作台面上，这种系统是最简单的。但在实际生产中，更多的工件在焊接时需要变位，使焊缝处在较好的位置（姿态）下焊接。对于这种情况，变位机与机器人可以是分别运动的，即变位机变位后机器人再焊接，也可以是同时运动的，即变位机一边变位，机器人一边焊接，也就是常说的变位机与机器人协调运动。这时变位机的运动与机器人的运动复合，使焊枪相对于工件的运动既能满足焊缝轨迹，又能满足焊接速度及焊枪姿态的要求。实际上，这时变位机的轴已成为机器人的组成部分，这种焊接机器人系统可以有多达7~20个轴，或者更多。最新的机器人控制柜可以是两台机器人的组合，做12个轴协调运动，其中一台是焊接机器人，另一台是用做变位机的搬运机器人。

2. 焊接机器人生产线

焊接机器人生产线比较简单的是把多台工作站（单元）用工件输送线连接起来组成一条生产线。这种生产线仍然保持单站的特点，即每个站只能用选定的工件夹具及焊接机器人的程序来焊接预定的工件。在更改夹具及程序之前的一段时间内，这条线是不能用来焊其他工件的。

3. 焊接柔性生产线（FMS－W）

工厂选用哪种自动化焊接生产形式，必须根据工厂的实际情况及要素而定。焊接专机适合批量大、改型慢的产品，而且工件的焊缝数量较少、较长，形状规则（直线、圆形）的情况。焊接机器人系统一般适合中、小批量生产，被焊工件的焊缝可以短而多，形状较复杂。焊接柔性生产线特别适合产品品种多、每批数量又很少的情况，目前国外企业正在大力推广无（少）库存、按订单生产（JIT）的管理方式，在这种情况下，采用焊接柔性生产线是比较合适的。图1-6所示为焊接车间控制系统示意图。

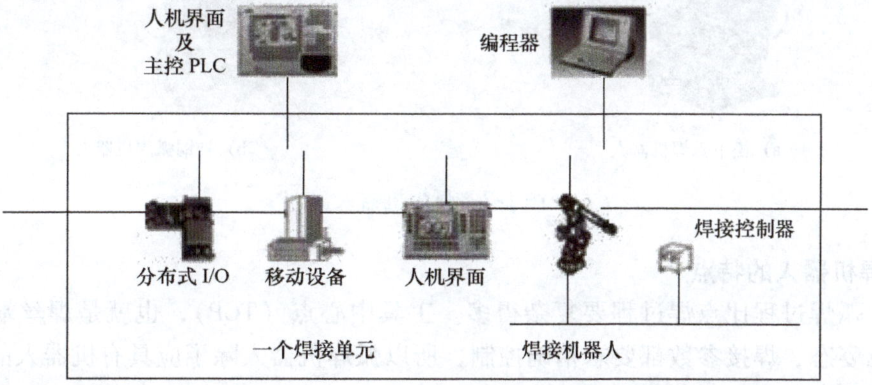

图1-6　焊接车间控制系统示意图

课堂笔记：

1.2　焊接机器人

1.2.1　弧焊机器人

由于弧焊工艺早已在诸多行业中得到普及，弧焊机器人在通用机械、金属结构等许多行业中得到广泛运用，如图1-7所示。

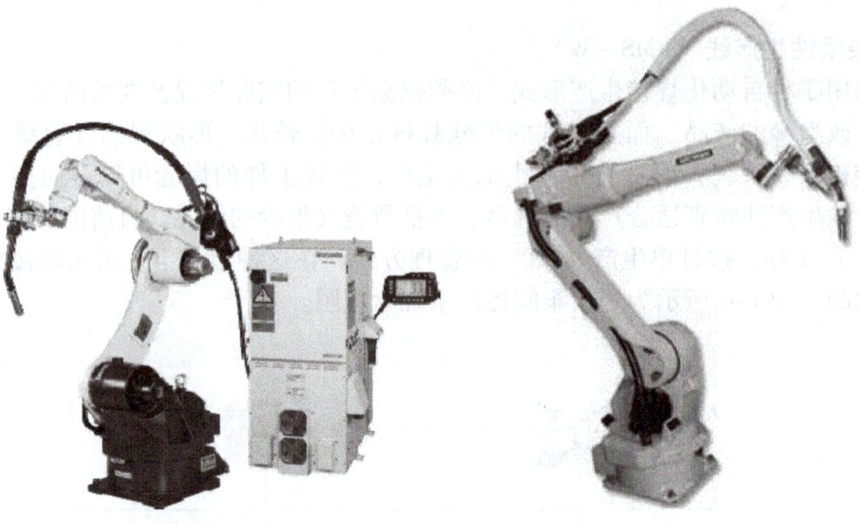

a）松下弧焊机器人　　b）神钢弧焊机器人

图 1-7　弧焊机器人

1. 弧焊机器人的特点

通常，弧焊过程比点焊过程要复杂得多。工具中心点（TCP），也就是焊丝端头的运动轨迹、焊枪姿态、焊接参数都要求精确控制，所以弧焊机器人除了应具有机器人的一般功能外，还必须具备一些适合弧焊要求的功能。

2. 弧焊工艺对机器人的基本要求

虽然从理论上讲，5 轴机器人就可以用于电弧焊，但是对复杂形状的焊缝，用 5 轴机器人会有些困难。因此，除非焊缝比较简单，否则应尽量选用 6 轴机器人。

弧焊机器人除了在做“之”字形拐角焊或小直径圆焊缝焊接时，其轨迹应贴近示教的轨迹之外，还应具备不同摆动样式的软件功能，供编程时选用，以便做摆动焊，而且摆动在每一周期中的停顿点处，机器人应自动停止向前运动，以满足工艺要求。此外，还应有接触寻位、自动寻找焊缝起点位置、电弧跟踪及自动再引弧等功能。

弧焊机器人是包括电弧焊附属装置在内的柔性焊接系统，而性能有特殊的要求。在弧焊作业中，焊枪应跟踪工件的焊道运动，并不断填充金属形成焊缝。因此，运动过程中速度的稳定性和轨迹精度是两项重要指标。一般情况下，焊接速度取 5～50mm/s，轨迹精度为 ±（0.2～0.5）mm。由于焊枪的姿态对焊缝质量也有一定影响，因此，希望在跟踪焊道的同时，焊枪姿态的可调范围尽量大。

3. 弧焊机器人组成

弧焊机器人主要包括机器人和焊接系统两部分。机器人由机器人本体和控制柜（硬件及软件）组成。弧焊机器人焊接系统一般是由焊机、送丝机构、回转自动变位机、焊枪清洗装置和安全装置等组成，如图 1-8 所示。

4. 弧焊机器人焊接系统

（1）机器人用弧焊电源　目前，机器人专用逆变式弧焊电源大部分独立布置在弧焊机器人系统里，也有一些集成在机器人控制器中。

（2）弧焊机器人焊缝跟踪系统　弧焊机器人焊缝跟踪系统一般包括传感器、计算机、机器人专用控制器、机器人本体及焊接设备等，如图 1-9 所示。传感器采集到信号传送到计算机，经过一系列的数据处理过程和图像显示后，计算机与机器人专用控制器进行数据通信，然后将控制信号传送给机器人本体，控制焊接过程的正确运行。

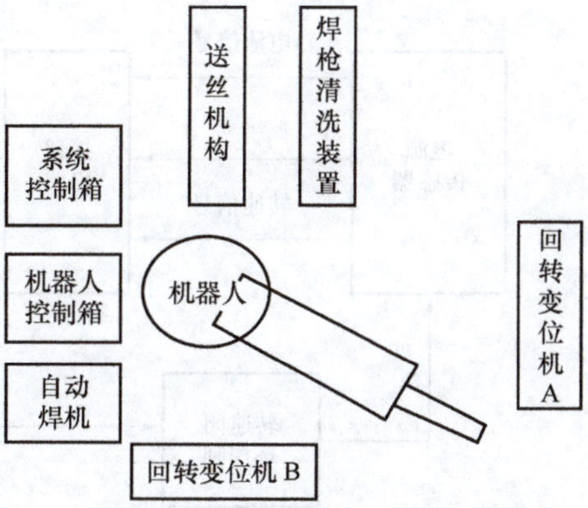

图 1-8　弧焊机器人系统设备布置图

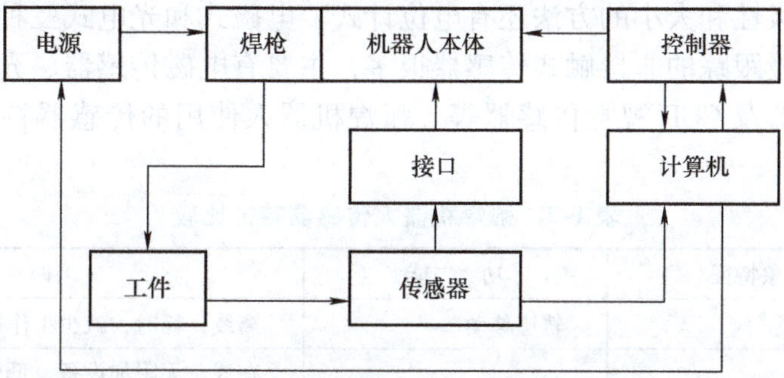

图 1-9　弧焊机器人焊缝跟踪系统结构框图

在整个闭环系统中，传感器起着非常重要的作用，它决定着整个系统对焊缝的跟踪精度。在焊接过程中，传感器必须精确地检测出焊缝（坡口）的位置和形状信息，然后传送给控制器进行处理。传感器是指能够感受规定的被测量并能转换成可用信号，实现信息检测、转换和传输的器件或装置。弧焊用传感器可分为直接电弧式、接触式和非接触式三大类。

电弧传感器是从焊接电弧自身直接提取焊缝位置偏差信号，实时性好，不需要在焊枪上附加任何装置，焊枪运动的灵活性和可达性最好，尤其符合焊接过程低成本、自动化的要求。电弧传感器的基本工作原理是：当电弧位置变化时，电弧自身电参数相应发生变化，从中反映出焊枪导电嘴至工件坡口表面距离的变化量，进而根据电弧的摆动形式及焊枪与工件的相对位置关系，推导出焊枪与焊缝间的相对位置偏差量。电参数的静态变化和动态变化都可以作为特征信号被提取出来，实现高低及水平两个方向的跟踪控制。目前国外发达国家广泛采用的方法是：通过测量焊接电流 I、电弧电压 U 和送丝速度 v 来计算工件与焊丝之间的距离 $H = f(I, U, v)$，并应用模糊控制技术实现焊缝跟踪。焊缝纠偏系统框图如图 1-10 所示。

典型的接触式焊缝跟踪传感器是依靠在坡口中滚动或滑动的触指将焊枪与焊缝之间的位置偏差反映到检测器内，并利用检测器内装的微动开关判断偏差的极性。除微动开关式外，

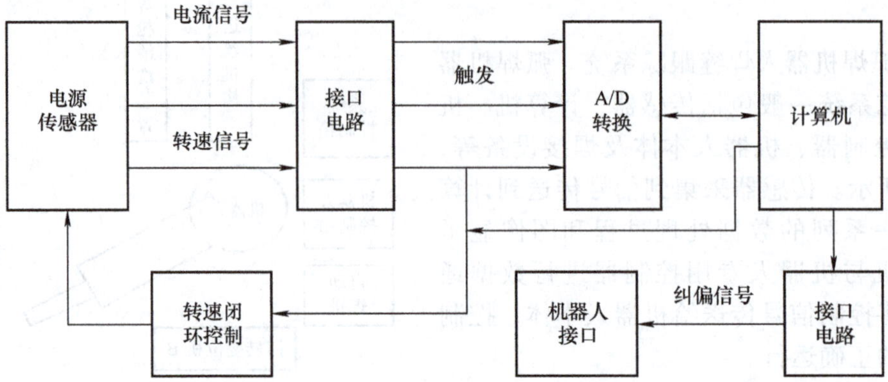

图 1-10　弧焊机器人焊缝纠偏系统框图

检测器判断偏差的极性和大小的方法还有电位计式、电磁式和光电式三种。

目前，用于焊缝跟踪的非接触式传感器很多，主要有电磁传感器、光电传感器、超声波传感器、红外传感器及 CCD 视觉传感器等。弧焊机器人使用的传感器特征比较如表 1-2 所示。

表 1-2　弧焊机器人传感器特征比较

传感器类型	抽象特征	功　能	评　价
触觉	接头坐标	轨迹移动	离线，耗时，减少工作循环
弧信号	接头坐标	焊缝跟踪	在线，无附加设备，低价，不针对所有接头和型号，搭接厚度大（2.5～3 mm）
电感	接头坐标	焊缝跟踪	在线，要求最接近电磁界面
主动视觉	接头坐标、方向及几何形状，焊缝形状	焊缝跟踪，填充金属控制，焊缝检测	在线，应用于所有接头和工艺，极柔顺，高熔解，可编程，视野使用强度数据
被动规觉	熔池表面形状，焊丝情况	焊缝跟踪、熔透控制	视工艺而定，应用有限制

5. 弧焊机器人的性能要求

弧焊机器人除要满足弧焊工艺所需运动速度的稳定性、轨道精度及焊枪姿态等方面的基本性能要求外，通常还有其他一些扩展性能要求，如摆动功能、焊接传感器（起始点检测、焊缝跟踪）的接口功能、焊枪防碰功能等。

（1）焊接规范　起弧、收弧参数的设定。

（2）摆动功能　摆动频率、摆幅、摆动类型的设定。

（3）焊接传感器　起始点检测、焊缝跟踪传感器的接口功能。

（4）焊枪防碰功能　当焊枪受到不正常的阻力时，机器人停机，避免操作者和工具受到损坏。

（5）多层焊功能　应用该功能可以在第一层焊接示教完成后，实现其余各层的自动编程。

（6）再引弧功能　引弧失败后自动重试，因此消除了焊接异常（引弧失败）发生时引起的作业中断，最大限度避免了因此而引起的全线停车。

（7）焊枪校正功能　焊枪与工件发生碰撞时，可通过简单操作进行校正。

（8）粘丝自动解除功能　焊接终了时如果检测出焊丝粘丝，则自动再通电解除粘丝，不必手工剪断焊丝。

（9）断弧再启动功能　出现断弧时，机器人会按照指定的搭接量返回，并重新引弧焊接，无须补焊作业。

课堂笔记：

1.2.2 点焊机器人

点焊机器人主要用于汽车车身的焊接工作，生产过程由各大汽车厂负责完成。国际工业机器人企业凭借与各大汽车企业的长期合作关系，向各大型汽车生产企业提供各类点焊机器人单元产品，并以焊接机器人与整车生产线配套形式进入中国，在该领域占据市场主导地位，如图1-11所示。

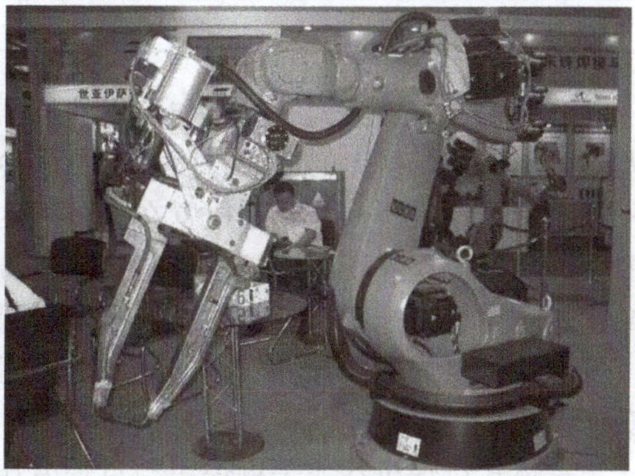

图1-11　点焊机器人

随着汽车工业的发展，焊接生产线要求焊钳一体化，重量越来越大，165kg级点焊机器人是目前汽车焊接中最常用的一种机器人。

点焊机器人在现代化车身装焊生产线上被大量采用，可以提高装焊生产的自动化程度，减轻操作者的劳动强度，提高生产率，保证焊接质量。点焊机器人主要用于车身装焊的补焊工位、车身总成合焊工位等。由于点焊机器人的采用，实现了车身装焊的柔性化生产方式，以及多品种、少批量混线生产。

1. 点焊机器人操作机的结构

点焊机器人的操作机应能满足点焊工艺如下两个主要要求：

（1）焊钳要到达每个焊点。

（2）焊点的质量应达到技术要求。

第一个要求，点焊机器人操作机应具有足够的运动自由度和适当长的手臂。以前应用较广的点焊机器人，其本体型式为直角坐标型和全关节型两种。前者可具有1~3个自由度，焊件及焊点位置受到限制；后者具有5~6个自由度，且分为DC伺服和AC伺服两种形式，能在可达的工作区内任意调整焊钳姿态，以适应多种结构形式的焊件焊接。

第二个要求，点焊机器人焊钳所需的工作电流（一般都很大）应能安全可靠地送达手臂端部，而且焊钳工作压力应达到相应要求。供电直接关系到点焊钳与点焊电源（即点焊变压器）的结合形式，而不同结合形式又对机器人的承载能力提出不同的要求。

目前，点焊机器人焊钳与点焊变压器的结合形式有分离式、内藏式和一体式三种，因而就有这三种形式的点焊机器人系统，表 1-3 分别列出了它们的基本特点。

表 1-3 点焊机器人及焊接系统的分类

系统类型	分离式点焊机器人系统	内藏式点焊机器人系统	一体式点焊机器人系统
系统图示	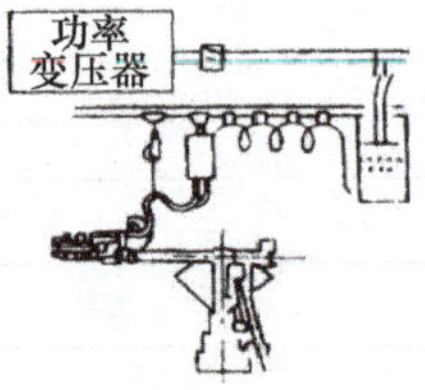	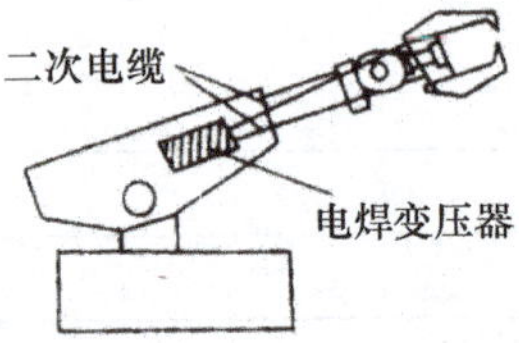	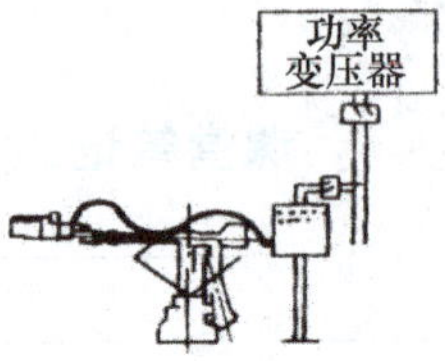
机器人载重要求（腕）	中	小	大
点焊电源功耗	大	大	小
机器人通用性	好	差	中
系统造价	高	中	低

分离式点焊机器人的焊钳与点焊变压器是通过二次电缆相连的，点焊所需 10kA 以上的大电流不仅需要粗大的电缆，而且需要水冷却。所以这种电缆一般较粗，且质量大。点焊变压器无论装在机器人上还是放置在机器人的边上，对焊钳来说都要影响其运动的灵活性和范围。一般是把点焊变压器悬挂在机器人上方，可在轨道上沿机器人手腕移动方向移动。为了补偿长电缆能量损耗，必须加大变压器容量，效率较低。

内藏式点焊机器人的二次电缆大为缩短，变压器容量可减小。这种机器人本体设计需与变压器统一考虑，使结构变得复杂。

一体式点焊机器人是将焊钳与点焊变压器安装在一起，共同在机器人手臂末端，省掉了粗大的二次电缆，这样能够节省能量。同样输出 12kA 电流，分离式焊钳需用 75kVA 的变压器，而一体式焊钳只需 25kVA 。但一体式焊钳质量显著增大，要求机器人本体承载能力大于 60kg，这样会增加机器人的造价。所以，发展轻小型一体式焊钳是方向，如逆变式焊钳近年研究发展得就很快。

表 1-4 是对 20 余种点焊机器人机械结构参数的统计。

表 1-4 点焊机器人机械结构参数统计

结构形式	大量为关节型，少量是直角坐标型、极坐标型和组合式
轴数	大量为 6 轴，其余 1 ~ 10 轴不等，6 轴以上为附加轴
重复性	大多为 ±0.5mm，范围为 ±（0.1 ~ 1） mm
负载	大多为 588 ~ 980N（60 ~ 100kgf），范围为 49 ~ 24500N（5 ~ 2500kgf）
速度	2m/s 左右
驱动方式	绝大多数为 AC 伺服，少量为 DC 伺服，极少量为电液伺服

2. 点焊机器人的控制系统

点焊机器人通常由机器人本体、机器人控制装置、点焊钳及电阻焊控制器（时控器）构成。点焊机器人的控制系统主要有如下三种结构形式：

（1）中央结构型 它将焊接控制部分作为一个模块与机器人本体控制部分共同安排在一个控制柜内，由主计算机统一管理并为焊接模块提供数据，焊接过程控制由焊接模块完成。这种结构的优点是设备集成度高，便于统一管理。

（2）分散结构型 它是将焊接控制器与机器人本体控制柜分开，二者采用应答式通信联系，主计算机给出焊接信号后，其焊接过程由焊接控制器自行控制，焊接结束后给主机发出结束信号，以便主机控制机器人移位，进入下一个焊接循环。这种控制系统应具有通信接口，能识别机器人本体及手控盒的各种信号，并做出相应的反应。分散结构型的优点是调试灵活，焊接系统可以单独使用，但需要一定距离通信，集成度不高。

（3）群控系统 它是将多台点焊机器人焊机（或普通点焊机）与群控计算机相连，以便对同时通电的数台焊机进行控制，实现部分焊机的焊接电流分时交错，限制电网瞬时负载，稳定电网电压，保证焊点质量。有了群控系统可以使车间供电变压器容量大大下降。此外，当某台机器人出现故障时，群控系统可启动备用的点焊机器人工作，以保证焊接生产正常进行。

为了适应群控需要，点焊机器人焊接系统都应增加“焊接请求”及“焊接允许”信号，并与群控计算机相连。

需指出，点焊机器人的工作特点虽然是点到点（PTP）的作业，但由于在许多工业应用场合是多台机器人同时作业，而它们的工作空间又互相交叉，为了防止碰撞，必须对它们的作业轨迹进行合理规划，因此机器人需有连续轨迹控制功能。

此外，焊接控制系统应能对点焊变压器过热、晶闸管过热、晶闸管短路断路、气网失压、电网电压超限、粘电极等故障进行自诊断及自保护，除通知本体停机外，还应显示故障种类。

3. 点焊机器人的选择要点

选用或购买点焊机器人时应注意：

（1）安装面积小，工作空间大。点焊机器人实际可达到的工作空间应大于焊接所需的工作空间，该工作空间由焊点位置及其数量确定。

（2）点焊速度应与生产线速度匹配，点焊速度应大于或等于生产线速度。

（3）按工件形状、焊缝位置等选用焊钳，垂直及近于垂直的焊缝宜选 C 形焊钳；水平及水平倾斜的焊缝选用 X 形焊钳。

（4）应选用内存容量大、示教功能全、控制精度高的点焊机器人。

4. 点焊机器人的技术特点

目前，点焊机器人系统已经应用了以下先进技术。

（1）逆变焊接电源减小了焊接变压器的重量和体积，将变压器与焊钳制成一体式机器人点焊钳。一体式焊钳的应用，有利于点焊机器人在其运动范围内实现轨迹运动及姿态变化。采用逆变焊接电源还可以改善焊机的电气性能，提高电源的热效率，达到节能的目的。

（2）焊钳自动更换装置通过模块化设计，使机器人焊钳与一次侧水电气配管的连接接口实现标准化。如果在装置上装有几把不同形式的焊钳，点焊机器人按照程序在几秒钟的时间内就可以完成自动更换，实现焊钳快速自动更换，达到使用一台点焊机器人就能够适应车身各部位焊接的要求，也可适应多品种车型生产的需要。

（3）机器人控制系统不仅可以控制机器人本体的运动，而且可对电阻焊时控器进行自动控制，发出焊接开始指令，自动控制和调整焊接参数（电压、电流、加压力、周期），控制点焊钳的大小行程及夹紧松开动作，同时还具有自动故障诊断、报警等功能，例如电极与被焊工件粘连、压缩空气气压过低时的故障报警。

课堂笔记：

1.3 主流焊接机器人

在国内使用的主流焊接机器人中，国外品牌有松下 Panasonic（日本）、ABB（瑞士）、摩托曼 MOTOMAN（日本）、发那科 FANUC（日本）、igm（奥地利）、库卡 KUKA（德国）等；国产品牌有华恒（昆山）、开元松下（唐山）、新松（沈阳）、杰瑞（上海）等。下面只对松下和 ABB 两种焊接机器人简要介绍。

1.3.1 松下焊接机器人

Panasonic 工业机器人的基本类型为 TA 系列，根据手臂伸展，共有 TA－1000 至 TA－1900 五种类型。图 1-12 所示为 TA－1400 普通型和 TA－1800 加长手臂型机器人。

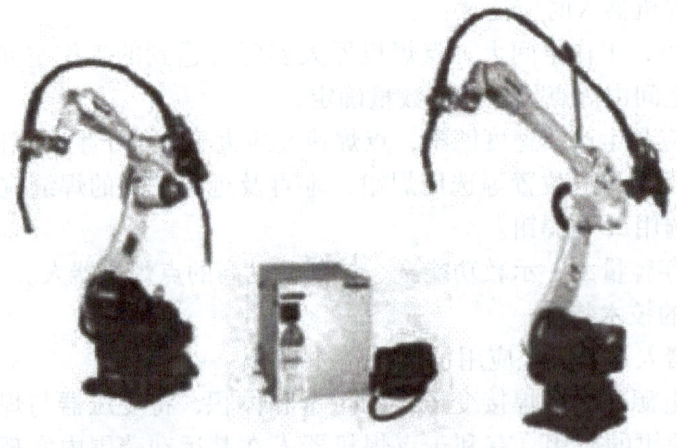

TA–1400(6kg)　　TA–1800(8kg)

图 1-12　TA 系列机器人

当前使用的主流焊接电源是 Panasonic 在行业内率先开发的全数字焊接电源，它采用 2 个高速 CPU 实现细致的波形控制，并采用带编码器的送丝装置实现稳定送丝，从而实现高品质、高效焊接。TA 系列机器人可以与全数字 CO_2/MAG、脉冲 MIG、TIG 等各种焊接电源配合，作为标准弧焊机器人进行销售。

除 TA 系列机器人外，Panasonic 还拥有焊枪电缆内藏式机器人 TB 系列，如图 1-13 所示。TB 系列的主要特点是焊枪电缆内置于机器人手臂中，运行时不会与工件、夹具等发生干涉、缠绕。在焊接管件、内侧焊缝或两台机器人一起使用时具有优势。

关于 Panasonic 工业机器人的基本类型 TA 系列焊接机器人的示教、再现及焊接等操作技术，将会后续章节中详细阐述。

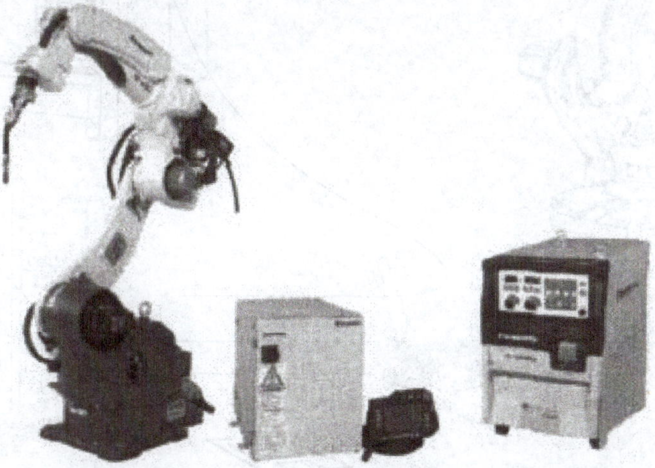

图 1-13　TB－1400 GⅡ机器人

课堂笔记：

1.3.2　ABB 焊接机器人

ABB 集团总部位于瑞士苏黎世。由两个有 100 多年历史的国际性企业瑞典的阿西亚公司（ASEA）和瑞士的布朗勃法瑞公司（BBC Brown Boveri）在 1988 年合并而成。

IRC5 为 ABB 第五代机器人控制系统，所属机器人大部分用于焊接、喷涂及搬运。

1. IRC5 系统

IRC5 系统主要由机器人本体、控制器、示教器及网络服务器、PC 等构成，如图1-14所示。

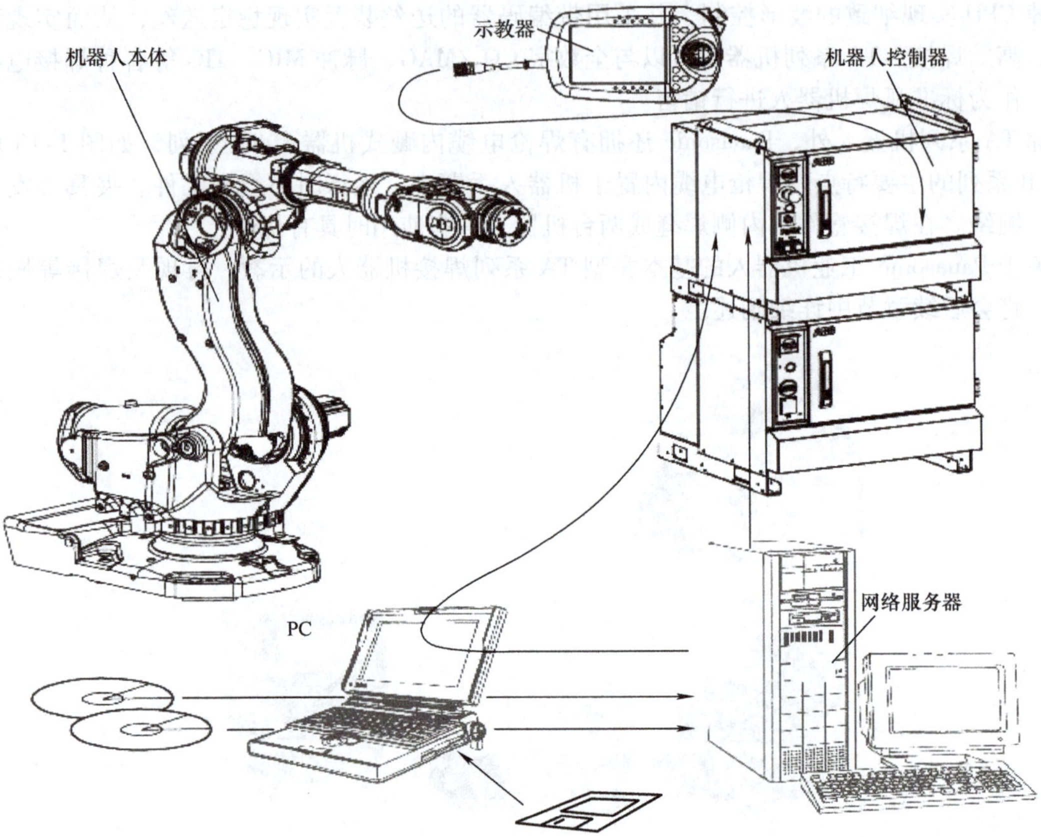

图 1-14 ABB 机器人构成

2. 示教器

示教器正背面如图 1-15 所示。示教器主要用于处理与机器人系统操作相关的许多功能，如运行程序、微动控制操纵器、修改机器人程序等。

（1）示教器主要构成如下。

1）控制杆：通过其移动操纵器，称为微动机器人。

2）USB 端口：将 USB 存储器连接到 USB 端口以读或保存文件。

3）触摸笔：在使用示教器时使用触摸笔点触屏幕。平常放置在示教器的背面，使用时拉开小手柄后取下触摸笔。

4）重置按钮：重置按钮重置示教器，而不是控制器上的系统。

（2）手持示教器的方法 手持示教器进行操作，通常左手持示教器，右手在触摸屏上操作。

（3）示教器按键功能 示教器按键及其功能如图 1-16 所示。

（4）触摸屏 触摸屏由 ABB 菜单、操作员窗口、状态栏、关闭按钮、任务栏及快速设置菜单组成，如图 1-17 所示。

触摸屏各组成的功能或作用如下。

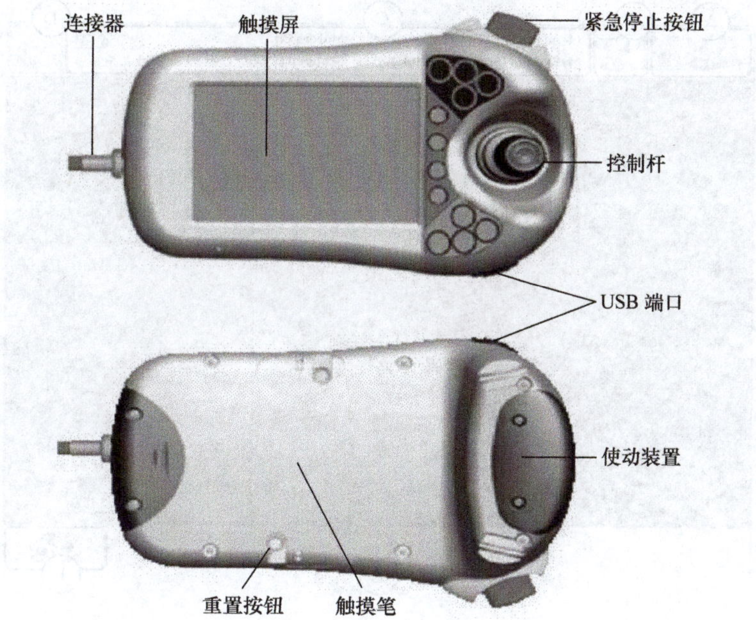

图1-15 示教器

1）ABB 菜单：ABB 菜单可以选择以下项目：HotEdit、输入和输出、微动控制、运行时窗口中修改位置、程序编辑器、程序数据、备份与恢复、校准、控制面板、事件日志 、FlexPendant 资源管理器、系统信息等。

2）操作员窗口：操作员窗口显示来自机器人程序的消息。有时需要操作员对程序做出某种响应，机器才能继续工作。

3）状态栏：状态栏显示与系统状态有关的重要信息，如操作模式、电动机开启/关闭、程序状态等。

4）关闭按钮：按关闭按钮将关闭当前打开的视图或应用程序。

5）任务栏：通过 ABB 菜单，可以打开多个视图，但一次只能操作一个。任务栏显示所有打开的视图，并可用于视图切换。

6）快速设置菜单：快速设置菜单包含微动控制和程序执行的设置。

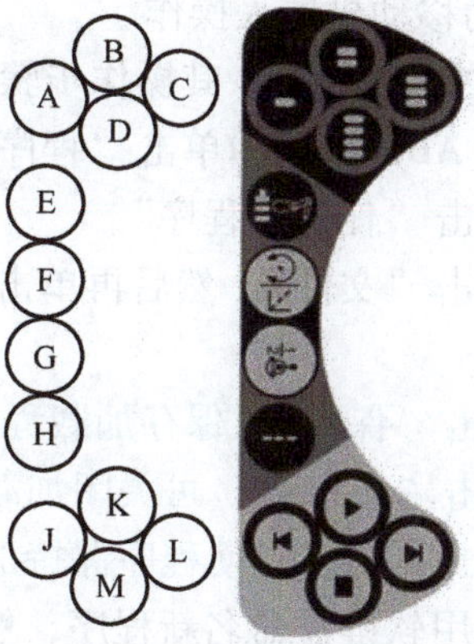

图1-16 示教器按键及其功能

A～D—预设按键 F—切换移动模式，重定向或线性 G—切换移动模式，轴1－3或轴4－6 E—选择机械单元 H—切换增量 J—Step BACKWARD（步退）按钮，使程序后退一步的指令 K—START（启动）按钮，开始执行程序 L—Step FORWARD（步进）按钮，使程序前进一步的指令 M—停止按钮，停止程序执行

3. 编程操作

在开始编程前需要定义工具、有效载荷、工件及坐标系等。坐标系有工具坐标系（Tools Coordinates）、基本坐标系（Base Coordinates）、大地坐标系（World Coordinates）、工

图 1-17 触摸屏

A—ABB 菜单 B—操作员窗口 C—状态栏 D—关闭按钮 E—任务栏 F—快速设置菜单

件坐标系（Work Object）等。在选择了坐标系和运动方式的前提下，按住使动键通过操纵杆进行手动移动机器人操作。

（1）创建新程序 其操作步骤如下：

1）在 ABB 菜单中单击“程序编辑器”。

2）单击“任务与程序”。

3）单击“文件”，然后再单击“新程序”，如果已有程序加载，就会出现一个警告对话框，此时：

◆ 单击“保存”，保存加载程序。

◆ 单击“不保存”可关闭加载程序，但不保存该程序，即从程序内存中将其删除。

◆ 单击“取消”使程序保持加载状态。

4）使用软键盘命名新程序，然后单击“确定”。

5）继续添加指令、例行程序或模块。

（2）弧焊编程 弧焊指令基本上包含了纯运动类型相关的指令，但是弧焊指令又增加了三个指令，即焊缝、焊接以及电弧。编程主要操作步骤如下：

1）在编写焊接指令之前，定义相关的焊接参数。

2）编辑焊接指令。

3）将机器人移到目标点。

4）调用焊接指令“ArcL”或“ArcC”，此时指令将自动加到程序窗口中。

4. 焊接程序实例

拟进行焊接的焊缝轨迹如图 1-18 所示，其中的粗实线部分就是焊接段。在 P10 和 P20 之间用符号×××××标记的段就是起弧段，也就是焊接开始点 P20 的准备阶段，焊接将在

P80 点终止。

其中焊接参数 wd1 将在 P50 点之前起作用，而后将改为焊接参数 wd2。

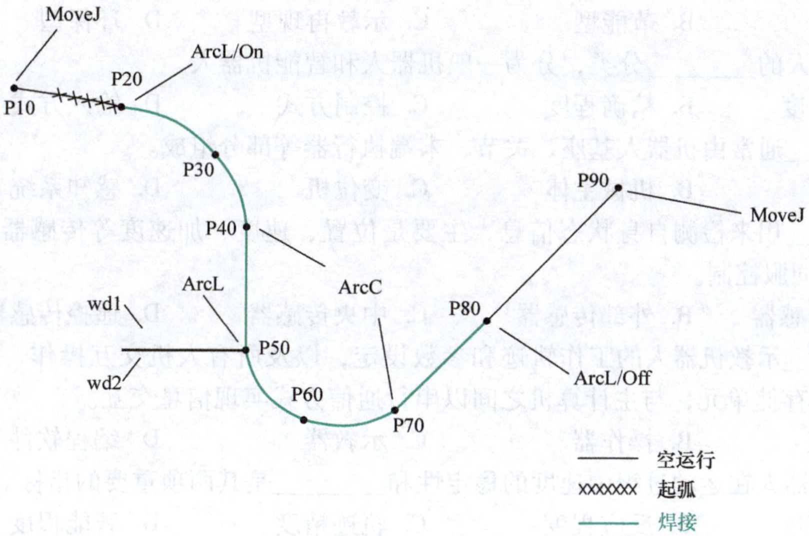

图 1-18 拟焊接的焊缝轨迹

使机器人按照图 1-18 轨迹运行时，所需焊接过程指令如下：

MoveJ P10，v100，z10，torch；
ArcL \ On，P20，v100，sm1，wd1，wv1，fine，torch；
ArcC P30，P40，v100，sm1，wd1，wv1，z10，torch；
ArcL P50，v100，sm1，wd1，wv1，z10，torch；
ArcC P60，P70，v100，sm1，wd2，wv1，z10，torch；
ArcL \ Off，P80，v100，sm1，wd2，wv1，fine，torch；
MoveJ P90，v100，z10，torch；

课堂笔记：____

____

____

____

____

【综合练习】

一、选择题

1. 焊接机器人按________分为弧焊机器人和点焊机器人两种。

A. 用途　　B. 控制方式　　C. 输入方式　　D. 结构

2. ________的手臂具有回转关节，具有最好的操作灵活性和可达性，工作空间大。

A. 直角坐标机器人　　B. 圆柱坐标机器人
C. 极坐标机器人　　D. 关节机器人

3. 示教输入程序的工业机器人称为________工业机器人。
A. 智能型　　B. 节能型　　C. 示教再现型　　D. 环保型

4. 按机器人的________分类，分为一般机器人和智能机器人。
A. 智能程度　　B. 精确程度　　C. 控制方式　　D. 输入方式

5. ________通常由机器人基座、关节、末端执行器等部分组成。
A. 控制器　　B. 机械主体　　C. 变位机　　D. 感知系统

6. ________用来检测自身状态信息，主要是位置、速度、加速度等传感器，并且作为反馈信号构成伺服控制。
A. 内部传感器　　B. 外部传感器　　C. 中央传感器　　D. 遥控传感器

7. ________示教机器人的工作轨迹和参数设定，以及所有人机交互操作，拥有自己独立的 CPU 以及存储单元，与主计算机之间以串行通信方式实现信息交互。
A. 控制柜　　B. 操作器　　C. 示教器　　D. 编程软件

8. 弧焊机器人在运动过程中速度的稳定性和________是其两项重要的指标。
A. 计算精度　　B. 反应程度　　C. 轨迹精度　　D. 智能程度

9. ________主要用于汽车整车的焊接工作。
A. 点焊机器人　　B. 弧焊机器人　　C. 埋弧自动焊机　　D. CO_2 自动焊机

10. 点焊机器人的________主要有中央结构型、群控系统、分散结构型三种结构形式。
A. 焊接系统　　B. 控制系统　　C. 电气系统　　D. 冷却系统

11. Panasonic 工业机器人的基本类型为________系列。
A. TA　　B. TB　　C. NA　　D. NB

12. IRC5 为 ABB ________机器人控制系统，所属机器人大部分用于焊接、喷涂及搬运。
A. 第三代　　B. 第四代　　C. 第五代　　D. 第六代

13. ________主要用于处理与机器人系统操作相关的功能。
A. 控制器　　B. 示教器　　C. 编码器　　D. 通信器

二、判断题（正确的打“√”，错误的打“×”）

（　）1. 工业机器人是自动执行工作的机器装置，是靠自身动力和控制能力来实现各种功能的一种机器。

（　）2. 机器人一般由机械主体、感测器、驱动系统、控制器及电缆等五部分组成。

（　）3. 机器人常采用的关节驱动装置有电力驱动装置、液压驱动装置和气动驱动装置。

（　）4. 在点焊作业中，焊枪应跟踪工件的焊道运动，并不断填充金属形成焊缝。

（　）5. 弧焊机器人主要包括控制系统和焊接系统两部分。

（　）6. 点焊机器人实际可达到的工作空间应大于焊接所需的工作空间。

（　）7. Panasonic 的焊枪电缆内藏式机器人属于 TB 系列。

（　）8. 操纵 ABB 公司机器人时，通常左手持示教器，右手在触摸屏上操作。

三、简答题

1. 按机器人机械手的几何结构来分类，将机器人分哪几种？有何特点？

2. 弧焊工艺对机器人提出了哪些具体要求？
3. 弧焊机器人的性能要求有哪些？
4. 点焊机器人的操作机应满足点焊工艺的哪些要求？
5. 点焊机器人的选择要点有哪些？
6. ABB公司的焊接机器人的编程操作有哪些步骤？

四、实践题

1. 了解焊接实训室或汽车企业点焊机器人的使用状况。
2. 通过观察，对比弧焊机器人和点焊机器人的异同点。

第 2 章　焊接机器人的安全操作

随着科学技术的迅猛发展，工业机器人的品种不断增加，而且其功能扩展、性能提高，应用领域愈加广泛，不仅从制造业扩展到非制造业，甚至扩展到医疗、服务和康复领域，因此机器人使用的安全及防护问题日益突出。

由于工业机器人自身系统的不够完善，在机器人使用的前期，引发了一系列意想不到的人身安全事故。例如 1978 年 9 月 6 日，日本广岛一家工厂的切割机器人在切割钢板时，突然发生异常，将一名值班工人当作钢板操作，这是世界上第一宗机器人杀人事件；又如 1982 年 5 月，日本山梨县阀门加工厂的一个工人，正在调整停工状态的螺纹加工机器人时，机器人突然启动，抱住工人旋转起来，造成了悲剧。因此，机器人操作首先要做到安全。

2.1　安全分析

2.1.1　安全分析的步骤

安全分析可按下述步骤进行。

（1）针对考虑到的应用（包括估计需要出、入或接近危险区），确定所要求的任务，即机器人或机器人系统的用途是什么；是否需要操作人员、示教人员或其他相关人员出入安全防护空间，是否出入频繁；都去做什么；是否会产生可预料的误用（如意外的启动等）。

（2）识别危险源（包括与每项任务有关的故障和失效方式等），即识别由于机器人的运动以及为完成作业所需的操作中会发生什么样的故障或失效，以及潜在的各种危险是什么。

（3）进行风险评价，确定属于哪类风险。

（4）根据风险评价，确定降低风险的对策。

（5）根据机器人及其系统的用途，采取一定的具体安全防护措施。

（6）评估是否达到了可接受的系统安全水平，确定安全等级。

2.1.2　识别危险源

识别可能由机器人系统本身或外围设备产生，或由于人与机器人系统相互干扰而产生的危险或危险状态，使在进行机器人系统设计和进行风险评价时，便于做出危险分析。

对于各种机器人及其不同用途，其危险源不尽相同，大致可分为下述各项。

（1）设施失效或产生故障引起的危险

1）安全保护设施的移动或拆卸——如隔栏、现场传感装置、光幕等的移动或拆卸而造成的危险；控制电路、器件或部件的拆卸而造成的危险。

2）动力源或配电系统失效或故障——如掉电、短路、断路等。

3）控制电路、装置或元器件失效或发生故障。

（2）机械部件运动引起的危险

1）机器人部件运动——如大臂回转、俯仰、小臂弯曲、手腕旋转等引起的挤压、撞击和夹住，夹住工件的脱落、抛射。

2）与机器人系统的其他部件或与工作区内其他设备的相连部件因运动引起的挤压、撞击和夹住，或工作台上夹具所夹持工件的脱落、抛射形成刺伤、扎伤，或末端执行器如喷枪、高压水切割枪的喷射，焊炬焊接时熔渣的飞溅等。

（3）储能和动力源引起的危险

1）在机器人系统或外围设备的运动部件中，弹性元件能量的积累引起元件的损坏而形成的危险。

2）在电力传输或流体的动力部件中形成的危险，如触电、静电、短路，液体或气体压力超过额定值而使运动部件加速、减速形成意外伤害。

（4）危险气体、材料或条件

1）易燃、易爆环境，如机器人用于喷漆、搬运炸药等。

2）腐蚀或侵蚀，如接触各类酸、碱等腐蚀性液体。

3）放射性环境，如在辐射环境中应用机器人进行的各种作业，采用激光工具切割的作业。

4）极高温或极低温环境，如在高温炉边进行搬运作业，由热辐射引起燃烧或烫伤。

（5）由噪声产生的危险　如导致听力损伤和对语言通信及听觉信号产生干扰。

（6）干扰产生的危险

1）电磁、静电、射频干扰——由于电磁干扰、射频干扰和静电放电，使机器人及其系统和周边设备产生误动作，引发意外启动或控制失效而形成的各种危险运动。

2）振动、冲击——由于振动和冲击使连接部分断裂、脱开，使设备破坏，或产生对人员的伤害。

（7）人为因素差错产生的危险

1）设计、开发、制造（包括人类工效学考虑）。在设计时未考虑对人员的防护；末端夹持器没有足够的夹持力，容易滑脱夹持件；动力源和传输系统没有考虑动力消失或变化时的预防措施；控制系统没有采取有效的抗干扰措施；系统构成和设备布置时，设备间没有足够的间距；布置不合理等形成潜在的、无意识的启动、失控等。

2）安装和试运行（包括通道、照明和噪声）。由于机器人系统及外围设备和安全装置安装不到位，或安装不牢固，或未安装过渡阶段的临时防护装置，形成试运行期间运动的随意性，造成对调试和示教人员的伤害；通道太窄，照明达不到要求，使人员遇见紧急事故时，不能迅速安全撤离，从而对人员造成伤害。

3）功能测试。机器人系统和外围设备包括安全器件及防护装置，在安装到位和可靠后，要进行各项功能的测试，但由于人员的误操作，或未及时检测各项安全及防护功能，使设备及系统在工作时造成故障和失效，从而对操作、编程和维修人员造成伤害。

4）应用和使用。未按制造厂商的使用说明书进行应用和使用，而造成对人员或设备的损伤。

5）编程和程序验证。当要求示教人员和程序验证人员在安全防护空间内进行工作时，要按照制造厂商的操作说明书的步骤进行，但由于示教或验证人员的疏忽而造成误动作、误操作而发生危险，或在安全防护空间内进入其他人员时，启动机器人运动而引起对人员的伤害，或按规定应采用低速示教，由于疏忽而采用高速，造成对人员的伤害等。特别是系统中具有多台机器人时，在安全防护区内有数人进行示教和程序校验而造成对其他设备和人员伤害的危险。

6）组装（包括工件搬运、夹持和切削加工）。这是应用和使用中产生危险的一种潜在因素，一般是由误操作或由工人与机器人系统相互干涉、人为差错造成的对设备和人员的伤害。如人工上、下料与机器人作业节拍不协调等。

7）故障查找和维护。在查找故障和维修时，未按操作规程进行操作而产生对设备和人员的伤害。

8）安全操作规程。规程内容不齐全，条款不具体，未规定对各类人员的培训等而引起潜在的危险。

2.1.3 风险评价

由于机器人规格、尺寸、性能和功能不同，其用途亦各异，其危险的种类和程度亦不同，故采取的安全防护措施也不尽相同，因此，需评价机器人及其系统在安装、编程、操作、使用、故障查找和维护时的风险，经过评价后，采取适宜的安全对策，避免和降低风险，达到尽可能地消除危险因素和选择合适的安全措施。

（1）评价风险的要求

1）风险评价应由机器人及其系统的开发者或用户在系统设计初期进行。

2）当系统安装和构建完成后，再完成最后的全面的风险评价并保留文件。

3）风险评价的步骤：确定系统的作业任务和识别各种潜在的危险（假定没有安装安全防护装置）；进行风险判断；确定降低风险的安全防护类型；在安装了安全防护装置后，确定风险是否降低到可接受的等级。

（2）风险要素　风险与特殊情况或技术开发过程中所考虑的危险有关，它是该危险可能伤害的严重度和伤害出现的概率及避免或限制伤害的可能性的函数。

1）严重度表示可能伤害的程度，用符号 S1 和 S2 表示。损伤的严重度是指对人的伤害。

① 轻度损伤（S1）：通常是可恢复的。

② 严重损伤（S2）：通常不可恢复，包括死亡。

在确定 S1 和 S2 时，应根据事故的通常后果和正常治愈的过程做出决定，例如撞伤和（或）划伤而并无并发症可划作 S1，而断肢或死亡将划作 S2。

2）伤害出现的概率用暴露于危险区域中人的频次和（或）时间来评估，用符号 E1 和 E2 来表示。

① 不频繁的暴露（E1）：每天或每班少于一次，如在正式工作前进行示教、编程、程序校验等。

② 频繁暴露（E2）：如一个人在正常工作条件下，为了上、下工件须经常到达机器人的危险区域，或连续地暴露于危险区域中。

3）避开危险的可能性，用符号 A1、A2 来表示。应考虑下述因素：

① 机器人及其系统的各类操作、示教、程序校验，维修人员是否经过培训，能否熟练掌握操作程序及安全操作规程等。

② 危险事件出现时速度的高低，如机器人的运动速度是处于低速还是高速。

③ 对风险或危险事件的认知，如能否通过其物理特征直接观察到机器人及其外围设备的作业状况，有无警示装置或其他信息。

④ 各类人员逃避危险的可能性（如人员反应的灵敏性，足够的间距或通道）。

⑤ 有无操作的实践经验和知识以及安全的实际经验。

出现危险状态时，如有避开事故的机会或能明显地减小其影响，则宜选 A1；如果几乎无避开危险的机会，则应选 A2。

课堂笔记：

2.2 机器人安全设计和制造

在设计和制造机器人时，应从人类工效学、机械、控制系统、手把手示教编程、应急运动、动力源、储能、干扰、操作状态、选择装置等方面进行安全防护的设计，使机器人在应用时有一个良好的安全基础。

1. 人类工效学原则

（1）机器人各部件的设计应考虑操作和维修人员的身材、姿势、体力和动作特征，以避免在使用和维修机器人时产生紧张状态和运动。例如：示教器的大小、键盘布置和重量应使编程人员在编程时不会产生握不住和误操作的状况；人工引导机器人示教时，牵引力不能大于中等操作人员的手动拉力或压力；各部件的连接或固定件应设计得使人的手或工具能接近紧固零件。

（2）人机接口的设计和布局应易于操作。如操作和编程装置、手持式控制装置、控制板、计算机终端及应用程序的媒体驱动装置的位置，应处于操作者在正常工作位置上易够得着的范围内。意外操作的可能性应减至最小，且操作者进行操作时不会处于危险位置上。

（3）应给出能清晰指示机器人工作方式及非编程原因使机器人停止运动的相应信息。

2. 机械部分设计的安全要求

设计机器人机械部分时，除需按照常规机械设计考虑，机械结构及其零部件应能满足机器人所需的运动功能、性能要求、强度、刚度、各种相应尺寸及外形外，还应在设计中考虑消除由机器人运动部件所产生的危险。若不可能在机械部分设计时清除这种危险，则应进行安全防护的设计及采取相应的安全措施。

（1）机器人运动范围的限定　机器人的运动范围是机器人的一项性能指标，它是由机器人操作机构的结构、传动和尺寸来决定的。但机器人的作业对象不同，所需的工作空间也不同，为了限定机器人各轴的运动，要采用各种限止机器人运动范围的方式，如机械方式、电气控制方式、软件编程方式等，但必须同时采取安全预防措施。

1）采用机械式限位装置，如可调整的机械挡块及缓冲装置。要求在设计时能考虑到在机器人以额定负载和最大速度运动时，该装置能使机器人停止在已调整好的位置上，且用紧固件能可靠地将其固定在该位置上。

2）非机械式限位装置。当设计、构造和安装后能达到与机械停止装置同等的安全水平时，可采取非机械式限位装置。非机械式限位装置包括电动、气动、液压的限位装置、限位开关、光幕、激光扫描器件等。在安装后要进行测试，测试时必须以设计确定的最大预期负载和最大速度进行运动，并能停止在预期的位置上。非机械式限位装置的电路必须是可靠的，测试方法和结论必须写在文件中。

（2）防护罩和外壳　机器人中构成危险因素的电气、液压等部件应具有固定的防护罩和外壳，且在正常运行期间不能打开；当需要打开防护罩和外壳时，应采用工具才能卸下或打开。

（3）运输考虑　在设计机器人时，应考虑吊装和运输的需要。设计吊装用的挂钩、吊环螺钉、螺钉孔和抓手等，必须能承受整个机器人的重量。机器人吊装时，运动部件应采取恰当的措施进行定位，不使其在吊装和运输过程中产生意外的运动，造成危害。包装运输时，应按包装标准进行包装，并在包装箱外打上所需标记。

（4）安装的预防措施　此处的安装是指机器人安装用的零、部件。设计机器人的安装底座时，应能使机器人牢固地安装在所需位置上，并且在预计的各种操作运行条件下，机器人能安全、稳定地运行。

3. 控制系统设计的安全要求

（1）面板的布置　为防止出现偶然的或意外的操作，控制系统面板上选用的控制器件，应能承受规定的使用应力。所设计的安装位置应使维修时易于接近，操作者在正常工作位置上容易够得着，而且操作者在进行操作时不会处于危险位置，并使意外操作的可能性减至最小。

（2）紧急停机　紧急停机是机器人的一项重要功能，它优先于机器人其他所有功能，即它能超越其他功能撤除机器人驱动器的动力，使机器人的全部运动部件停止运动。

1）在机器人每个操作工位包括能启动机器人运动的悬吊式操作器或示教器处，均应有一个手动操作的急停装置。

2）急停装置的操作件应是红色的，其后面的衬托色应着黄色。按钮开关操作件外形应是手掌形或蘑菇形，如图 2-1 所示。

3）急停装置的操作件未经手动复位前应不可能恢复，若有几个急停装置，则在所有操作件复位前电路不应恢复。手动操作急停装置的操作件的触头应能确保强制断开操作件。

4）任何机器人在启动前必须手动复位，而急停电路本身的复位不应启动机器人的任何运动。

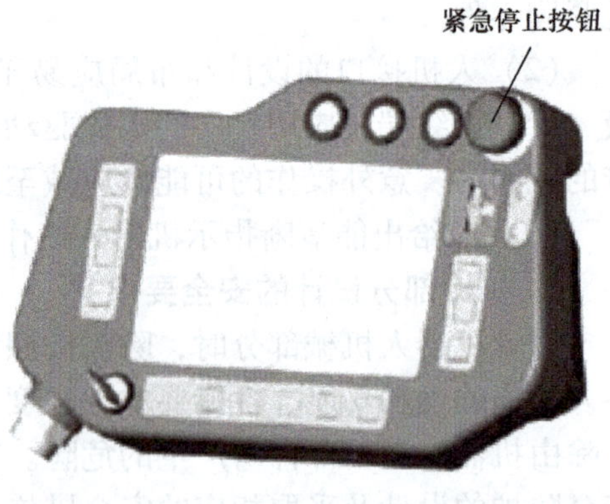

图 2-1　紧急停止按钮

如果急停或动力源故障引起逻辑判别错误或存储状态丢失，则必须在存储或逻辑顺序复位后才可以开始操作。

（3）安全停止　为了与外部的安全防护器件连接，每台机器人应设计有一组或多组安全停止电路，如图 2-2 所示。

当机器人以自动方式运行时，安全停止电路应能使机器人所有运动停止，并且能撤销机器人驱动器的动力。这种停止可以用手动实现也可以用安全控制系统电路的逻辑控制来实现。

机器人启动前，必须使驱动器的动力复位，而对驱动器施加动力不应引起机器人的任何动作。

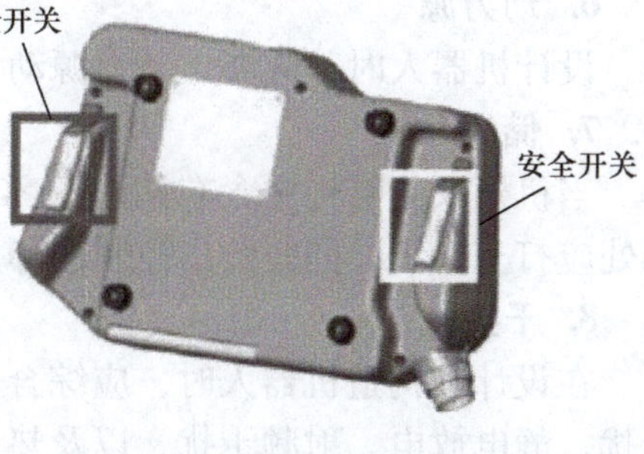

图 2-2　安全开关

（4）电连接器　在设计机器人的电气连接器时，应考虑由于连接器的失配可能会引起机器人的危险运动，因此，机器人的电气连接器应采用键入式的或具有标志或标记的接插件，使其不能互换。

若电气连接器分离或破裂可能引起机器人的危险运动，则在设计时应采取保护措施，如捆扎、配对啮合等。

（5）示教器　机器人的示教器设计应满足下列安全要求：

1）示教器的设计应满足人类工效学的原则。

2）在安全保护空间内使用示教器时，应不能启动机器人以自动方式运行。当机器人处于示教器控制下时，机器人的所有运动都只能由示教器启动。

3）由示教器启动机器人进行示教时，工具中心点的速度应不超过 250mm/s。

4）示教器上具有的可供选择的大于 250 mm/s 的速度，如在进行任务程序校验时使用，操作人员应在安全防护空间外用键控开关谨慎地操作。当安全防护空间内有人时，应仅使用握持－运行控制装置和使能装置来启动机器人运动。

5）在示教器上能引起机器人运动的所有按钮和其他器件处于松开位置时，机器人的运动应处于停止状态。

6）示教器上应设有急停器件。

（6）使能装置　当使能装置作为机器人控制系统的一部分时，该使能装置应具有三个位置的开关，仅当连续握持在中心位置上才允许机器人运动或具有其他功能。放松装置的中心使能位置或按在中心使能位置旁边，应安全停止机器人的危险运动。使能装置应与安全控制系统的停止电路或其他等效的安全停止电路相连接。

可以通过设计，使当安全防护空间内无人或机器人工具中心点的运动小于 250mm/s 时，使能装置不起作用。

使能装置可以是示教器的一部分，也可以单独设置。

4. 使用移动手臂进行编程的机器人的安全措施

当机器人编程采用人工引导机器人手臂时，应采取安全预防措施，如在进行编程和进行配重时，应能安全地断开电源。

5. 应急运动的预防措施

机器人轴应急运动时，应采取相应的安全措施，例如：

（1）动力断开时，用溢流阀使系统降压；配有配重的平衡装置，则应设置机动制动器的手动释放装置。

（2）动力接通时，采用先导控制阀或部件的手动控制设备；启动反向运动去控制设备。

6. 动力源

设计机器人时，应考虑动力源动力的丧失、恢复和变化时不会引起机器人的危险运动。

7. 储能

当机器人的结构中含有储能的零部件（如蓄能器、弹簧、配重或飞轮等）时，在储能器处应打上标记，同时给出控制和释放能量的方法，如自动卸荷、局部卸压、压力指示等。

8. 干扰

在设计和构造机器人时，应综合采用屏蔽、滤波、抑制、接地等抗干扰措施，减少电磁干扰、静电放电、射频干扰，以及热、光、振动等对机器人运行安全的影响。

9. 操作状态选择装置

在设计时，所选用的装置应保证能明确地选择各种操作状态和能明确地指示所选择的操作状态。不同操作状态的选择，其本身不应引起机器人的运动或者启动机器人的其他功能。

仅当操作状态选择装置可靠时（如采用键控选择），才允许通过操作状态的选择（如设定、示教、程序验证等）暂停安全防护装置的保护。在安全防护装置的保护暂停期间应防止自动操作，且机器人的运动速度应不超过250mm/s，但某些操作要求运行速度大于250mm/s（如进行任务程序验证）时，则应要求操作人员在安全防护空间内操作，且机器人的运动只能通过握持－运行控制装置和使能装置来启动。

课堂笔记：

2.3 机器人系统的安全防护和设计

1. 机器人系统的设计

（1）安全防护空间　安全防护空间是由机器人外围的安全防护装置（如栅栏等）所组成的空间。安全防护空间的大小取决于通过风险评价所确定的超出机器人限定空间所需要增加的空间，一般应考虑当机器人在作业过程中，所有人员身体的各部分应不能接触到机器人运动部件和末端执行器或工件的运动范围，如图2-3所示。

（2）机器人系统的布局

1）控制装置的机柜宜安装在安全防护空间外，这可使操作人员在安全防护空间外进行操作，启动机器人运动完成工作任务，并且在此位置上操作人员应具有开阔的视野，能观察到机器人的运行情况及是否有其他人员处于安全防护空间内。若控制装置被安装在安全防护空间内时，则其位置和固定方式应能满足在安全防护空间内各类人员安全性的要求。

2）机器人系统的布置应避免机器人运动部件和与机器人作业无关的周围固定物体及设备（如建筑结构件、共用设施等）之间的挤压和碰撞，应保持有足够的安全间距，一般最少为0.5m。但那些与机器人完成作业任务相关的设备和装置（如物料传送装置、工作台、

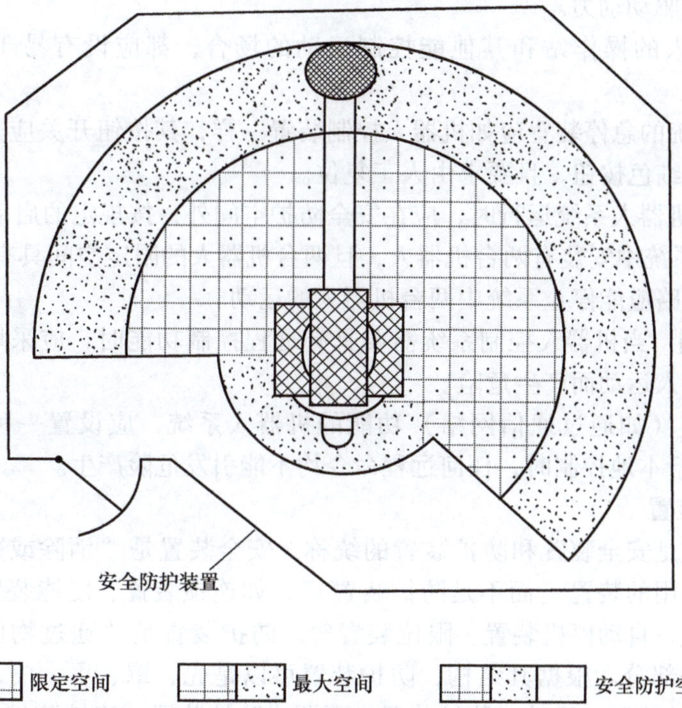

图 2-3　限定空间和安全防护空间

相关工具台、相关机床等）则不受约束。

3）当要求由机器人系统布局来限定机器人各轴的运动范围时，应按要求设计限定装置，并在使用时进行器件位置的正确调整和可靠固定。

4）在设计末端执行器时，应使其当动力源（电气、液压、气动、真空等）发生变化或动力消失时，负载不会松脱落下或发生危险（如飞出）；同时，在机器人运动时，由负载和末端执行器所生成的静力和动力及力矩应不超出机器人的负载能力。

5）机器人系统的布置应考虑操作人员进行手动作业（如零件的上、下料）时的安全防护。可通过传送装置、移动工作台、旋转式工作台、滑道推杆、气动和液压传送机构等过渡装置来实现，使手动上、下料的操作人员置身于安全防护空间之外。但这些自动移出或送进的装置不应产生新的危险。

（3）动力断开

1）提供给机器人系统及外围设备的动力源应满足制造商的规范以及本地区或国家的电气构成规范要求，并按标准提出的要求进行接地。

2）在设计机器人系统时，应考虑维护和修理的需要，必须具备能与动力源断开的技术措施。断开必须做到既可见（如运行明显中断），又能通过检查断开装置操作器的位置而确认，而且能将切断装置锁定在断开位置。切断电器电源的措施应按相应的电气安全标准执行。机器人系统或其他相关设备动力断开时，应不发生危险。

（4）急停　机器人系统的急停电路应超越其他所有控制，使所有运动停止，并从机器人驱动器上和可能引起危险的其他能源（如外围设备中的喷漆系统、焊接电源、运动系统、加热器等）上撤除驱动动力。

1）每台机器人的操作站和其他能控制运动的场合，都应设有易于迅速接近的急停装置。

2）机器人系统的急停装置应如机器人控制装置一样，其按钮开关应是掌揿式或蘑菇头式、衬底为黄色的红色按钮，且要求由人工复位。

3）重新启动机器人系统运行时，应在安全防护空间外，按规定的启动步骤进行。

4）若机器人系统中安装有两台机器人，且两台机器人的限定空间具有相互交叉的部分，则其共用的急停电路应能停止系统中两台机器人的运动。

（5）远程控制　当机器人控制系统需要具有远程控制功能时，应采取有效措施防止由其他场所启动机器人运动而产生危险。

具有远程操作（如通过通信网络）功能的机器人系统，应设置一种装置（如键控开关），以确定在进行本地控制时，任何远程命令均不能引发危险产生。

2. 安全防护装置

安全防护装置是安全装置和防护装置的统称。安全装置是“消除或减小风险的单一装置或与防护装置联用的装置（而不是防护装置）”，如连锁装置、使能装置、握持－运行装置、双手操纵装置、自动停机装置、限位装置等。防护装置是“通过物体障碍方式专门用于提供防护的机器部分。根据其结构，防护装置可以是壳、罩、屏、门、封闭式防护装置等”，如固定式防护装置、活动式防护装置、可调式防护装置、连锁防护装置、带防护锁的连锁防护装置及可控防护装置等。

为了减小已知的危险和保护各类工作人员的安全，在设计机器人系统时，应根据机器人系统的作业任务及各阶段操作过程的需要和风险评价的结果，选择合适的安全防护装置。所选用的安全防护装置应按制造厂的说明进行使用和安装。

（1）机器人系统安全防护装置的作用

1）防止各操作阶段中与该操作无关的人员进入危险区域。

2）中断引起危险的来源。

3）防止非预期的操作。

4）容纳或接受由于机器人系统作业过程中可能掉落或飞出的物件。

5）控制作业过程中产生的其他危险（如抑制噪声、遮挡激光、弧光、屏蔽辐射等）。

（2）机器人系统的安全防护装置　机器人系统的安全防护可采用一种或多种安全防护装置，如下所述：

1）固定式或连锁式防护装置。

2）双手控制装置、使能装置、握持－运行装置、自动停机装置、限位装置等。

3）现场传感安全防护装置，如安全光幕或光屏、安全垫系统、区域扫描安全系统、单路或多路光束等。

（3）固定式防护装置

1）通过紧固件（如螺钉、螺栓、螺母等）或通过焊接将防护装置永久固定在所需的地方。

2）其结构能经受预定的操作力和环境产生的作用力，即应考虑结构的强度与刚度。

3）其构造应不增加任何附加危险（如应尽量减少锐边、尖角、凸起等）。

4）不使用工具就不能移开固定部件。

5）隔板或栅栏底部离走道地面不大于0.3m，高度应不低于1.5m。

除通过与通道相连的连锁门或现场传感装置区域外，应能防止由别处进入安全防护空间。

（4）连锁式防护装置　在机器人系统中采用连锁式防护装置时，应考虑下述原则：

1）防护装置关闭前，连锁能防止机器人系统自动操作，但防护装置的关闭应不能使机器人进入自动操作方式，而启动机器人进入自动操作应在控制板上谨慎地进行。

2）在伤害的风险消除前，具有防护锁定的连锁防护装置处于关闭和锁定状态；当机器人系统正在工作时，防护装置被打开应给出停止或急停的指令。连锁装置起作用时，若不产生其他危险，则应能从停止位置重新启动机器人运行。

中断动力源可消除进入安全防护区之前的危险，但如动力源中断不能立即消除危险，则连锁系统中应含有防护装置的锁定和/或制动系统。

在进出安全防护空间的连锁门处，应考虑设有防止无意识关闭连锁门的结构或装置（如采用两组以上触点，具有磁性编码的磁性开关等）。应确保所安装的连锁装置的动作在避免了一种危险（如停止了机器人的危险运动）时，不会引起另外的危险发生（如使危险物质进入工作区）。

（5）现场传感装置　在机器人系统的安全防护中经常使用现场传感装置，在设计时应遵循下述原则：

1）现场传感装置的设计和布局，应能使传感装置未起作用前，人员不能进入且身体各部位不能伸到限定空间内。为了防止人员从现场传感装置旁边绕过进入危险区，要求将现场传感装置与隔栏一起使用。

2）在设计和选择现场传感装置时，应考虑到其作用不受系统所处的任何环境条件（如湿度、温度、噪声、光照等）的影响。

3）当现场传感装置已起作用时，只要不产生其他的危险，可将机器人系统从停止状态重新启动到运行状态。

4）在恢复机器人运动时，应要求撤除传感区域的阻断，此时不应使机器人系统重新启动自动操作。

5）应具有指示现场传感装置正在运行的指示灯，其安装位置应易于观察。可以集成在现场传感装置中，也可以是机器人控制接口的一部分。

3. 警示方式

在机器人系统中，为了引起人们注意潜在危险的存在，应采取警示措施。警示措施包括栅栏或信号器件，它们是被用于识别上述安全防护装置没有阻止的残留风险，但警示措施不应是前面所述安全防护装置的替代品。

（1）警示栅栏　为了防止人员意外进入机器人限定空间，应设置警示栅栏，如图2-4所示。

（2）警示信号　为了给接近或处于危险中的人员提供可识别的视听信号，应设置和安装信号警示装置。在安全防护空间内采用可见的光信号来警告危险时，应有足够多的器件以便人们在接近安全防护空间时能看到光信号。

音响报警装置则应具有比环境噪声分贝级别更高的独特的警示声音。

（3）警示标牌　为保证焊接机器人安全作业，应设置安全标牌，如图 2-5 所示。

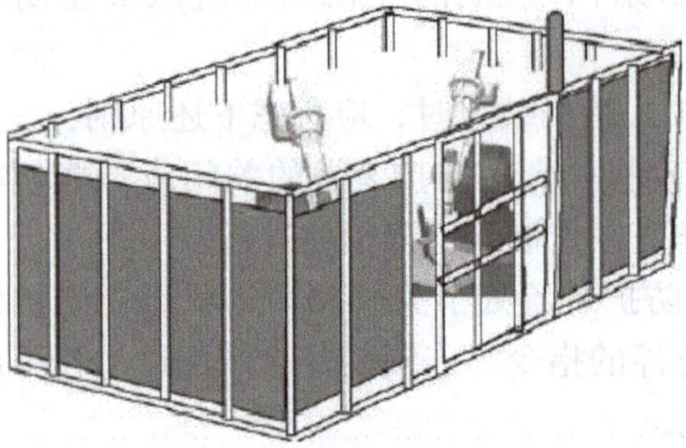

图 2-4　机器人的警示栅栏

图 2-5　机器人的警示标牌

4. 安全生产规程

应该考虑到，在机器人系统寿命中的某些阶段（例如调试阶段、生产过程转换阶段、清理阶段、维护阶段），设计出完全适用的安全防护装置去防止各种危险是不可能的，且那些安全防护装置也可能被暂停。在这种状态下，应该采用相应的安全生产规程。

5. 安全防护装置的复位

重建连锁门或现场传感装置区域时，其本身应不能重新启动机器人的自动操作。应要求在安全防护空间仔细地操作，重新启动机器人系统。重新启动装置的安装位置，应在安全防护空间内的人员不能够到的地方，且能观察到安全防护空间。

课堂笔记：

2.4　使用与维护安全

机器人系统安全防护装置经过设计、构建、安装和试运行后，在使用时（如示教编程、程序验证、自动操作、故障查找和维护）亦应满足安全要求。用户在使用和维护期间，应对机器人系统每一个操作者提供安全防护措施，以保证他们不受伤害。

1. 编程

进行编程时应尽可能在安全防护空间外进行。当示教人员必须进入安全防护空间内进行编程时，则应采用下述附加的安全防护措施，并通过操作状态选择要求，暂停安全防护装置（如连锁门、现场传感装置）的保护功效。

（1）编程前

1）用户必须确保示教人员按照培训要求进行培训，并在实际的机器人系统中的机器人上进行训练和熟悉包括所有安全防护措施在内的所推荐的编程步骤。

2）示教人员应目检机器人系统和安全防护空间，确保不存在产生危险的外界条件。示教器的运动控制和急停控制应进行功能测试，以保证正常操作。示教操作开始前，应排除故障和失效。编程时，应关断机器人驱动器不需要的动力（必需的平衡装置应保持有效）。

3）示教人员进入安全防护空间前，所有的安全防护装置应确保在位，且在预期的示教方式下能起作用。进入安全防护空间前，应要求示教人员进行编程操作，但不能进行自动操作。

（2）编程中

1）示教期间仅允许示教编程人员在防护空间内。

2）示教人员应使用有单独控制机器人运动功能的示教器。

3）示教期间，机器人运动只能受示教装置控制。机器人不应响应来自其他地方的遥控命令。

4）示教人员应具有单独控制在安全防护空间内的其他设备的运动控制权，且这些设备的控制应与机器人的控制分开。

5）若在安全防护空间内有多台机器人，而栅栏的连锁门开着或现场传感装置失去作用时，所有的机器人都应禁止进行自动操作。

6）机器人系统中所有急停装置都应保持有效。

7）示教时，机器人的运动速度应低于 250mm/s，具体的速度选择应考虑万一发生危险，示教人员有足够的时间脱离危险或停止机器人的运动。

（3）返回自动操作　在启动机器人系统进行自动操作前，示教人员应将暂停使用的安全防护装置功效恢复。

2. 编程数据

应保留任务程序和维修程序的记录。

程序数据不使用时，应储存在可传送的媒体（如纸、磁盘等）中，并存放在合适的保护环境中。

3. 自动操作

仅在满足下列要求时，才能启动机器人进行自动操作：

（1）预期的安全防护装置都在位，并且能起作用。

（2）在安全防护空间内没有人。

（3）遵守安全操作规程。

4. 程序验证（程序校验）

程序验证是确认机器人的编程路径及处理性能与应用时所期望的路径和处理性能是否一致的方法。验证可以是程序路径的全部或一段。程序验证人员应尽可能在安全防护空间外执行。当人员必须在安全防护空间内完成程序验证时，应满足以下条件：

（1）程序验证必须在机器人运动速度低于 250mm/s 时进行，除机器人的运动控制仅使用握持－运行装置或使能装置外，还应满足编程时的安全防护要求。

（2）当要求在机器人的运行速度超过 250mm/s 的情况下，校验人员在安全防护空间内检查已编程的作业任务和与其他设备的相互配合关系时，应采用以下的安全防护要求：

1）第一个循环应采用低于 250mm/s 的速度进行，然后须由编程人员用键控开关谨慎地操作，分步增加速度。

2）安全防护空间内的工作人员应使用使能装置或与其安全级别等效的其他装置。

3）应建立安全工作步骤以使在安全防护空间内的人员的危险减至最小。

5. 故障查找

故障查找应在安全防护空间外进行。当不能实行，且机器人系统设计时已考虑到需要在安全防护空间内进行故障查找，则应采用下列的安全要求：

（1）担负故障查找的人员要经过特别的核准和对这种工作进行过培训。

（2）进入安全防护空间内的人员应使用使能装置操控机器人运动。

（3）制定安全操作规程，使安全防护空间内的人员对危险的暴露降至最低。

6. 维护

为了确保机器人或机器人系统连续安全运行，应制定检查和维护的程序，而检查和维护程序的制定应考虑制造商的建议。

（1）为避免机器人系统的维修人员受到危险的伤害，应按照制造商的说明书对其进行安全防护和进行安全培训。

（2）尽可能使维修人员在安全防护空间外进行作业，如将机器人臂放置于某一预定的位置。

当必须在安全防护空间内完成维护任务时，应使用切断动力源的步骤关断机器人系统，并释放或阻塞潜在的所积蓄的能量。当机器人已上电，要求维修人员进入安全防护空间内进行维修时，应做到下述几点。

1）进入安全防护空间前应完成下列步骤：

① 对机器人系统进行目检，以判断是否存在可能引起误动作的条件。

② 为确保示教器能进行正常操作，使用前应进行功能测试。

③ 若发现某些故障或误动作的条件，则维修人员在进入安全防护空间之前应进行排除或修复。

2）在安全防护空间内的维修人员应拥有机器人或机器人系统的总控制权，要求：

① 机器人控制应脱离自动操作状态。

② 机器人应不能响应任何远程控制信号。

③ 所有机器人系统的急停装置应保持有效。

④ 启动机器人系统进入自动操作状态前，应恢复暂停作用的安全防护装置的功效。

2.5 松下 TA 系列焊接机器人的维护与检查

1. 机器人的维护与检查

定期维护与检查是机器人正常运转所必需的，同时也能确保作业时设备与人员的安全。对松下 TA 系列机器人的检查分为日常检查、每 500 小时（或每 3 个月）检查、每 2000 小时（或每 1 年）检查、每 4000 小时（或每 2 年）检查、每 6000 小时（或每 3 年）检查、每 8000 小时（或每 4 年）检查、每 10000 小时（每 5 年）检查，其中检查间隔根据标准操作小时来设定，实际施行时要按小时或年月短的一项来进行。

（1）日常检查　包括闭合电源前需要检查项目和闭合电源后需要检查项目，其检查项目和维修要求见表 2-1 和表 2-2。在进行闭合电源检查时，必须先确认机器人工作范围内无其他人员后方可闭合电源。

表 2-1　闭合电源前需要检查项目

部　件	项　目	维　修	备　注
接地电缆/其他电缆	松动、断开或损害	再拧紧或更换	
机器人本体	是否沾有飞溅和灰尘	清除飞溅和灰尘	请勿用压缩空气清理灰尘或飞溅，否则异物可能进入护盖内部，对本体造成损害。
	松动	再拧紧	
安全护栏	损坏	维修	
作业现场	是否整洁	清理现场	

表 2-2　闭合电源后需要检查项目

部　件	项　目	维　修	备　注
紧急停止开关	立即断开伺服电源	维修，如有不明情况请与厂家联系	开关修好前请不要使用机器人
原点对中标记	执行原点复归后，查看各原点对中标记是否重合	如果不重合请与厂家联系	按下急停开关，断开伺服电源后才允许接近机器人进行检查
机器人本体	自动运转、手动操作时看各轴运转是否平滑、稳定（无异常噪音、振动）	如果原因不明时请与厂家联系	修好前请不要使用此机器人
风扇	查看风扇的转动情况，是否沾有灰尘	清洁风扇	清洁风扇前请断开所有电源

（2）定期检查　定期检查项目和维修要求见表 2-3。

表 2-3　定期检查项目

时间间隔						项　目	方法/工具	检查和维修
5 年/10000h	3 个月/500h	1 年/2000h	2 年/4000h	3 年/6000h	4 年/8000h			
○						机器人固定螺栓	扳手	检查是否有松动，必要时再拧紧。
○						盖板上的螺钉	螺丝刀、扳手	检查是否有松动，必要时再拧紧
○						连接电缆及接头	感觉	检查是否有松动，必要时再拧紧
	○					电动机固定螺栓	扳手	检查是否有松动，必要时再拧紧。
	○					转动/驱动部件	力矩扳手，感觉，目视	检查拧紧力矩，看是否有松动

（续）

时间间隔						项　目	方法/工具	检查和维修
5年/10000h	3个月/500h	1年/2000h	2年/4000h	3年/6000h	4年/8000h			
	○					减速齿轮	力矩扳手，目视	检查拧紧力矩，检查外观
	○					本体内的配线及接头	万用表，目视	传导检查、检查外观、加润滑油
	○					电池（本体内）	更换	更换新部件
			○			减速齿轮	润滑油	涂抹润滑油
			○			同步带	张力表	检查张紧力，必要时进行调整
				○		本体内配线	更换	更换新部件、涂抹润滑油
					○	同步带	更换	更换新部件、调节张紧力
					○	电池（控制柜内）	更换	更换新部件

（3）更换编码器电池　机器人本体内装有电池，用于绝对编码器数据备份。电池的使用寿命随工作环境的不同而有所变化，一般两年更换一次电池，否则绝对编码器数据将会丢失，需要重新进行原点调整。在进行更换操作前，请备份示教数据，以防示教程序或设定参数的丢失。更换电池步骤：

1）检查电池的使用时间，当超过两年时请及时更换电池，或者当机器人显示“检查锂电池”信息时再进行更换。

2）切断机器人电源。

3）将图2-6中“A”所示的护盖（3个护盖）卸下。拔下旧电池，插好新电池（事先将电池固定用尼龙卡子卸下）。

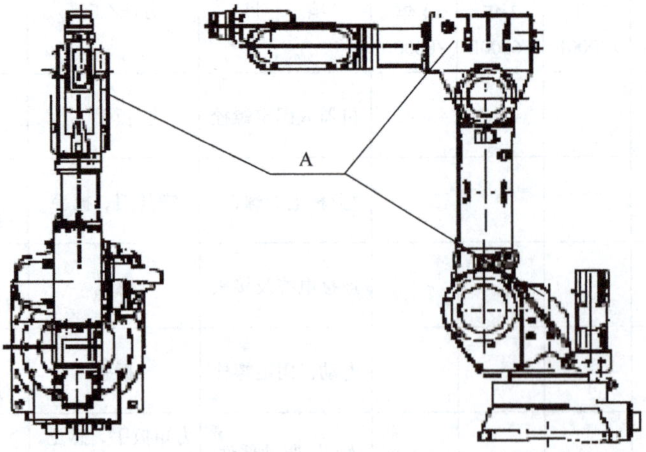

图2-6　机器人电池位置

4）更换或检查电池结束后，将电缆插好，并固定好尼龙卡子，最后盖好 A 处护盖。

2. 焊机及附件、夹具检查

除对机器人自身进行定期检查外，还需对焊机及附件、夹具等进行定期检查，其检查项目、检查方法及检查周期等见表 2-4。

表 2-4　焊机及附件、夹具检查

检查位置	检查项目	检查内容、方法	检查周期		
			1 日	1 个月	半年
焊接电源	各连接部	有无松动		1 次	
	内部检查	有无尘土		1 次	
焊枪	喷嘴清扫	有无飞溅的附着、损伤	数次		
	中心偏移	导电嘴孔有无磨损	数次		
	漏气	有无喷嘴的松动、气管的损伤	1 次		
	气孔的阻塞	气筛、喷嘴是否有阻塞	1 次		
	电缆	有无松动、损伤	1 次		
	分解、检查	送丝管有无阻塞；绝缘是否有问题；气筛、喷嘴是否有损伤	1 次		
送丝装置	送丝轮	有无实施清扫以及送丝轮的消耗、损伤		1 次	
	SUS 管	有无阻塞、损伤、磨损，有无与送丝轮的偏心		1 次	
接地	电缆安装部位	电缆的安装部位有无松动		1 次	
	电缆	电缆有无烧损、裂化		1 次	
定位夹具	夹具定位夹紧处、夹具体	清除飞溅、垃圾	1 次		
	夹具有相对运动处	有无磨损、损伤		1 次	
	定位销	有无磨损、损伤		1 次	

3. 特别注意事项

对机器人及焊机等进行维护与检查时，特别注意事项见表 2-5。

表 2-5　特别注意事项

检查项目	部　位	注意事项	后　果
机器人	本体	本体的注油孔不允许加注普通黄油	各轴不能灵活转动
		不允许用压缩空气清理灰尘或飞溅	对本体造成损害
	控制箱	所有线缆不允许踩踏、砸压、挤碰	线缆破损
		不能与大容量用电设备接在一起	死机
	示教器	不能摔碰	黑屏
		避免线缆缠绕	线缆断
		显示面板避免划擦	液晶面板损坏

（续）

检查项目	部　位	注意事项	后　果
焊机及附件	焊机	不能过载使用	焊机烧损
		输出电缆连接牢靠	焊接不稳，接头烧损
	焊枪	导电嘴磨损后必须及时更换	送丝不稳，不能正常焊接
		送丝管必须及时清理	送丝阻力大，不能正常焊接
	送丝机	压臂压力调整与焊丝直径相符	送丝不稳，不能正常焊接
	送丝导管	送丝管必须及时清理	送丝阻力大，不能正常焊接
		弯曲半径不能太小	送丝阻力大，不能正常焊接
	送丝盘	注意盘轴润滑	送丝阻力大，不能正常焊接
焊材及保护气体	焊丝	选用优质焊丝	材质不合格，焊接不稳定
			丝径不均，镀层不匀送丝不畅，不能正常焊接
			镀层强度不好，镀铜容易脱落，阻塞送丝管路，送丝阻力大，不能正常焊接
	保护气	CO_2 气体必须纯净	容易产生气孔，飞溅大
		混合气配比准确、混合均匀	焊接不稳

课堂笔记：________________

____

____

____

____

【综合练习】

一、选择题

1. 在损伤的严重度中，严重损伤用________符号表示。

A. S1　　B. S2　　C. S3　　D. S4

2. 伤害出现的概率用暴露于危险区域中人的频次和（或）时间来评估。不频繁的暴露用符号________来表示。

A. E1　　B. E2　　C. E3　　D. E4

3. 避开危险的可能性，用符号________、________来表示。

A. A1、A2　　B. B1、B2　　C. C1、C2　　D. D1、D2

4. 机器人的________是机器人的一项性能指标，它是由机器人操作机构的结构、传动和尺寸来决定的。

A. 计算精度　　B. 运动范围　　C. 安全范围　　D. 示教质量

5. ________是机器人的一项重要功能，它优先于机器人其他所有功能。

A. 警报　B. 示教　C. 再现　D. 紧急停机

6. ________的设计应满足人类工效学的原则。

A. 外部轴　B. 传感器　C. 示教器　D. 电源

7. 设计机器人时，应考虑________动力的丧失、恢复和变化时不会引起机器人危险运动。

A. 外部轴　B. 动力源　C. 传感器　D. 内部轴

8. ________是由机器人外围的安全防护装置（如栅栏等）所组成的空间。

A. 人员操控空间　B. 安装调试空间　C. 设备运行空间　D. 安全防护空间

9. 隔板或栅栏底部离走道地面不大于0.3m，高度应不低于________。

A. 0.5m　B. 1.0m　C. 1.5m　D. 2.0m

10. 机器人系统的________电路应超越其他所有控制，使所有运动停止，并从机器人驱动器上和可能引起危险的其他能源上撤除驱动动力。

A. 急停　B. 控制　C. 数字　D. 模拟

11. 电池的使用寿命随工作环境的不同而有所变化，一般________更换一次电池，否则绝对编码器数据将会丢失，需要重新进行原点调整。

A. 半年　B. 1 年　C. 2 年　D. 3 年

二、判断题（正确的打“√”，错误的打“×”）

（　　）1. 安全防护空间的大小取决于通过风险评价所确定的超出机器人限定空间所需要增加的空间。

（　　）2. 控制装置的机柜宜安装在安全防护空间内。

（　　）3. 在设计末端执行器时，应使其当动力源（电气、液压、气动、真空等）发生变化或动力消失时，负载不会松脱落下或发生危险（如飞出）。

（　　）4. 机器人系统的布置应考虑操作人员进行手动作业（如零件的上、下料）时的安全防护。

（　　）5. 安全防护装置是安全装置和防护装置的统称。

（　　）6. 为了防止人员意外进入机器人限定空间，应设置警示栅栏。

（　　）7. 对松下 TA 系列机器人的所有检查都应属于日常检查。

（　　）8. 对松下 TA 系列机器人的日常检查包括闭合电源前需要检查项目和闭合电源后需要检查项目。

三、简答题

1. 机器人安全分析有哪些步骤？
2. 评价风险的要求有哪些？
3. 人类工效学的原则是什么？
4. 在编程中，应采取哪些安全措施？
5. 更换电池需要哪些步骤？

四、实践题

熟悉松下焊接机器人安全操作规程。

第3章　焊接机器人在线操作

3.1　焊接机器人操作基础

3.1.1　TA－1400型弧焊机器人的构成

松下TA－1400型弧焊机器人的构成如图3-1所示，由机器人本体、机器人控制器本体、示教器、操作器四部分组成，其中操作器为任选设备，用户可根据自身使用需要进行选购，其余均为必备设备。

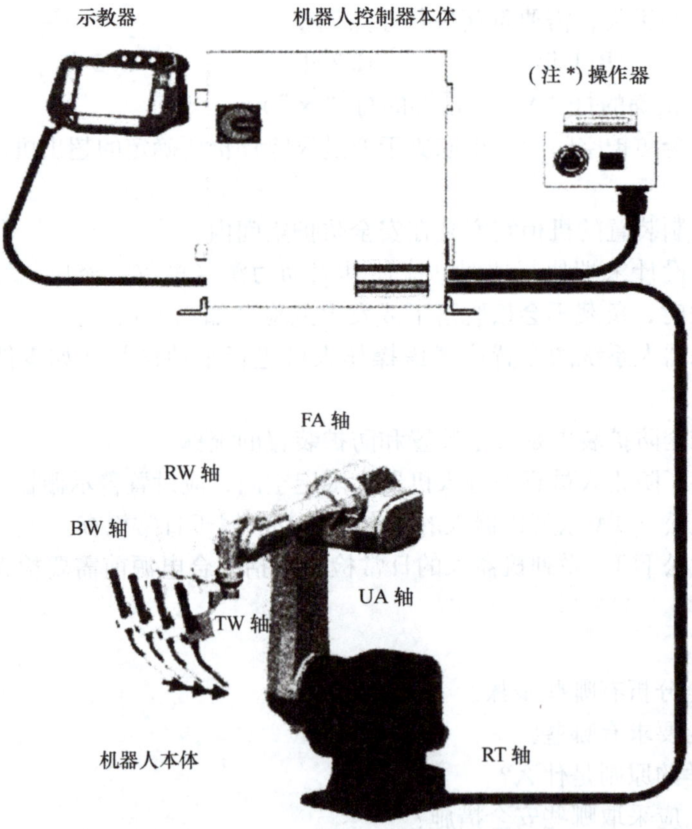

图3-1　松下TA－1400型弧焊机器人

1. 机器人本体

TA－1400型弧焊机器人属于关节型机器人，共有6个轴，可完成腰部旋转、上举、前伸、手腕旋转、手腕弯曲及手腕扭转等动作，充分体现焊接机器人的操作灵活性和焊接可达性。各轴的名称及其作用列于表 3-1。

表 3-1　轴的名称及其作用

轴名	作用	图解	轴名	作用	图解
RT 轴（Rotate Turn）	旋转	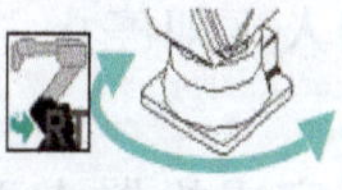	RW 轴（Rotate Wrist）	手腕旋转	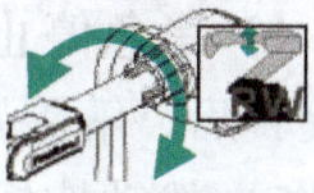
UA 轴（Upper Arm）	上举	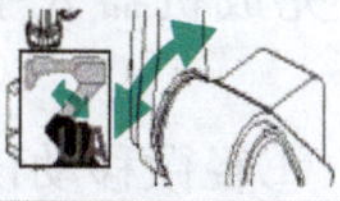	BW 轴（Bent Wrist）	手腕弯曲	
FA 轴（Front Arm）	前伸	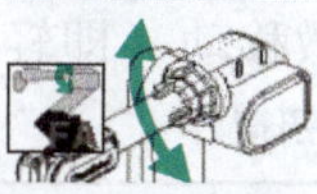	TW 轴（Twist Wrist）	手腕扭转	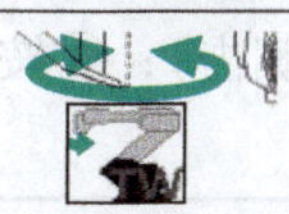

2. 示教器

松下机器人是一种示教再现型的机器人。所谓示教再现是指机器人一边实际运行一边进行记忆，并能够再现所记忆的运行动作。机器人的边移动边记忆动作，称为“示教”，存储机器人示教的连串动作的单位叫作“程序”，用来区分其他不同的动作。执行程序时，机器人会再现所记忆的动作，能够正确地重复进行焊接、加工等工作。

机器人的所有在线操作基本上均要通过示教器来完成，因此操作者有必要熟悉示教器各个开关的功能和操作方法。

（1）示教器正面　示教器正面由启动开关、暂停开关、伺服 ON 开关、紧急停止开关、拨动按钮、+/- 键、登录键、界面切换键、取消键、用户功能键、模式切换开关、动作功能键及窗口所组成，如图 3-2 所示。

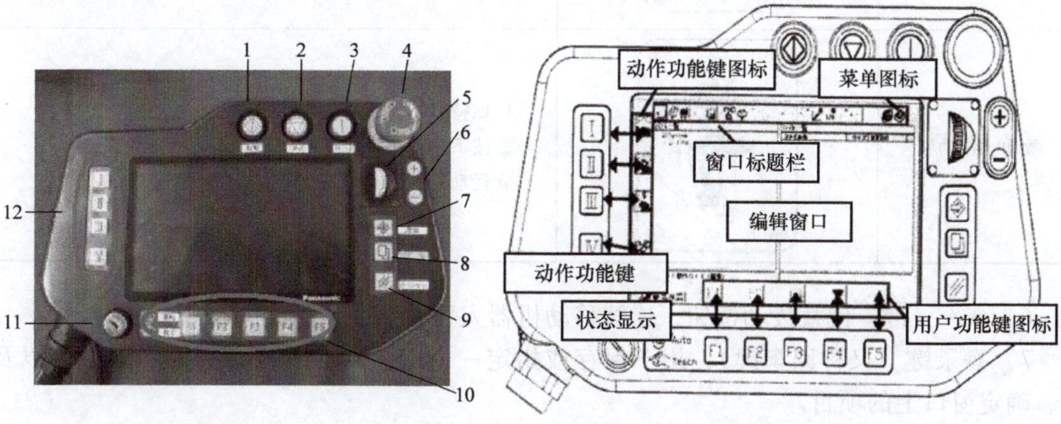

a）实物图　b）示意图

图 3-2　示教器正面

1—启动开关　2—暂停开关　3—伺服 ON 开关　4—紧急停止开关　5—拨动按钮
6—+/- 键　7—登录键　8—界面切换键　9—取消键　10—用户功能键
11—模式切换开关　12—动作功能键

示教器正面各开关的功能如下：

1）启动开关：在运行（Auto）模式下启动或重启机器人。

2）暂停开关：在伺服电源 ON 的状态下暂停机器人运行。

3）伺服 ON 开关：打开伺服电源。

4）紧急停止开关：按下紧急停止开关后机器人立即停止，且伺服电源关闭，顺时针方向旋转后，解除紧急停止状态。

5）拨动按钮（简称拨钮）：通过拨动按钮可完成机器人手臂的移动、外部轴的旋转、光标的移动、数据的移动及选定。

拨动按钮有三个不同的操作，如表 3-2 所示。①轻微移动该拨动按钮；②按动拨动按钮（即侧击）；③按住拨动按钮的同时向上或向下轻微移动（即轻微移动拖拽）。

表 3-2　拨动按钮操作

操作类型	图　解	功能作用
向上/向下微动	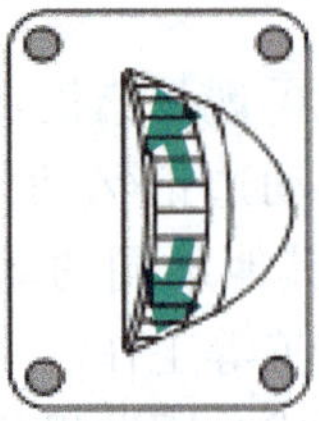	① 移动机器人手臂或外部轴。当向上微动时，移动机器人手臂或外部轴向【＋】方向转动；反之向【－】方向转动 ② 移动荧屏上的光标 ③ 改变数据或选择一个选项
侧击	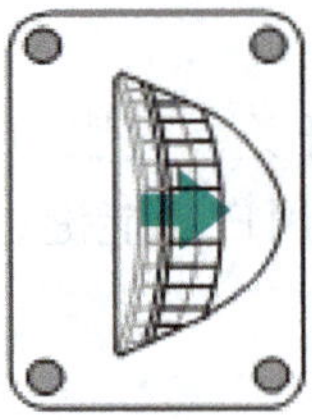	指定选择的项目并保存它
微动（拖动）	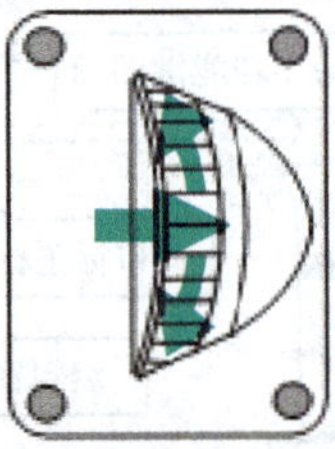	① 保持机器人手臂的当前操作 ② 按下后的拨动按钮旋转量决定变化量 ③ 运动的方向与“向上/下微动”相同

6）＋/－ 键：代替拨动按钮，连续移动机器人手臂。

7）登录键（又称回车键）：用于保存或指定一个选择。在示教时登录示教点，以及登录、确定窗口上的项目。

8）界面切换键：在示教器显示多个窗口时切换窗口。使用该键在多个窗口中选择一个窗口并激活它，使被激活的窗口加亮。主要实现菜单图标条与编辑窗口之间的转换，以及在主窗口和副窗口之间进行转换。

9）取消键：在追加或修改数据时，结束数据输入，返回原来的界面。

10）用户功能键：执行用户功能键上侧图标（即位于编辑窗口的下侧图标）所显示的功能。

11）模式切换开关：一个两位置的开关，完成示教（Teach）模式和运行（Auto）模式的切换操作。如开关置于示教模式，即可对机器人进行示教操作。

12）动作功能键：可以选择或执行动作功能键右侧图标（即位于编辑窗口的左侧图标）所显示的动作、功能。

示教器正面的动作功能键区和用户功能键区具有多个功能键。动作功能键区共有Ⅰ、Ⅱ、Ⅲ、Ⅳ四个动作功能键，分别与编辑窗口的左边四个动作功能键图标一一对应，在不同示教器工作状态下，具有相应的动作功能。用户功能键区包括五个功能键，分别为F1、F2、F3、F4、F5，与动作功能键一样，要与编辑窗口的五个用户功能键图标一一对应，在不同示教器工作状态下，具有相应的用户编辑或操作功能，如表3-3所示。

表3-3　状态与用户功能键对应表

状　态	F1	F2	F3	F4	F5
文件未打开（机器人动作OFF）		气体/焊丝		切换坐标系	切　换
编　辑（机器人动作OFF）	切换窗口	气体/焊丝	切换示教内容	命令的追加	切　换
	切换窗口	剪　切	复　制	粘　贴	切　换
示　教（机器人动作OFF）	跟踪ON	气体/焊丝	切换示教内容	命令的追加	切　换
	跟踪ON	焊接/空走	切换补偿形态	切换坐标系	切　换
跟　踪	跟踪OFF	气体/焊丝	切换示教内容	命令的追加	切　换
	跟踪OFF	焊接/空走	切换补偿形态	切换坐标系	切　换
运　行			电弧锁定	过　载	切　换
离线编程文件打开	切换窗口		切换示教内容	命令的追加	切　换
	切换窗口	剪　切	复　制	粘　贴	切　换
示教登录机器人示教点型变量	跟踪ON/OFF	移动光标（上）	移动光标（下）		切　换

示教器窗口包括主窗口、副窗口、图标栏及光标，如图3-3所示。图标栏由若干工具图标组成，作用类似下拉菜单。

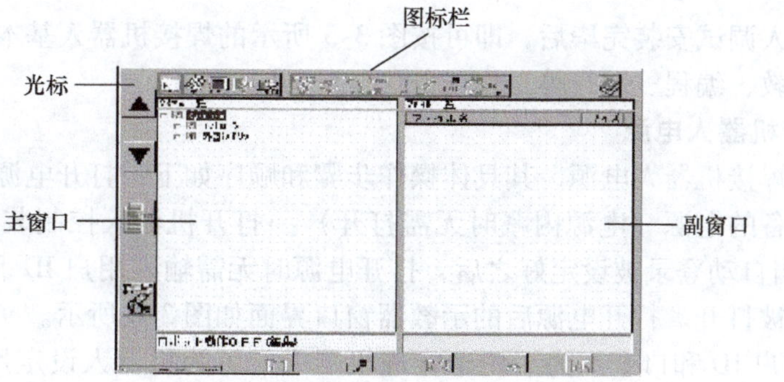

图3-3　示教器窗口

（2）示教器背面　示教器背面左右对称的两个黄色键为安全开关，其功能相同。而左右对称的两个白色键分别称为左右切换键，如图3-4所示。背面各开关功能如下：

1）左切换键：用于切换坐标系的轴及转换数值输入列。轴的切换是按照“基本轴”→“手腕轴”→“外部轴”的顺序（注：“外部轴”只限连接了外部轴时）。

2）右切换键：用于功能选择及转换数值输入列，如可对拨动按钮的移动量进行“高、中、低”切换。

3）安全开关：同时松开两个安全开关，或用力握住任何一个，伺服电源立即关闭，保证安全。按下伺服ON开关后，再次接通伺服电源。

图3-4 示教器背面

1—右切换键 2—左切换键 3—安全开关

课堂笔记：

3.1.2 焊接机器人操作步骤

将焊接机器人调试安装完毕后，即可按图3-5所示的焊接机器人基本操作步骤进行各项操作，完成如示教、编程、运行等工作任务。

1. 打开焊接机器人电源

首先要打开焊接机器人电源，其具体操作步骤和顺序如下：打开电源设备的开关→打开焊机以及附属设备的电源（电源内藏时无需打开）→打开机器人控制装置的电源→输入用户ID和口令（当自动登录被设定好之后，打开电源时无需输入用户ID和口令）。至此，焊接机器人电源即被打开。打开电源后的示教器窗口界面如图3-6所示。

（1）设定用户ID和口令 为了便于管理机器人，可为机器人设定用户ID和口令，具体操作如下：

1）打开ID输入窗口：将光标移到菜单图标上，然后按 [设定] → [控制装置] → [用户ID] → [ID输入窗口] 的顺序打开ID输入窗口，如图3-7所示。

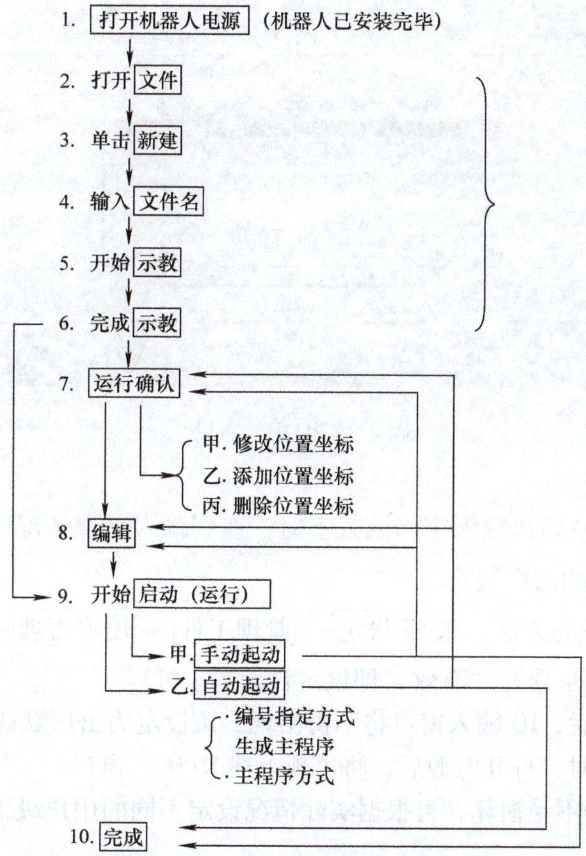

图3-5　焊接机器人操作步骤

图3-6　打开电源后的示教器窗口界面

2）选择用户ID：标准设定中要输入“robot”（小写半角英文字母），然后侧击拨钮确认，即▮➜。也可从列表中选择。

3）选择口令：标准设定中要输入“0000”（半角数字），然后侧击拨钮确认，即▮➜。

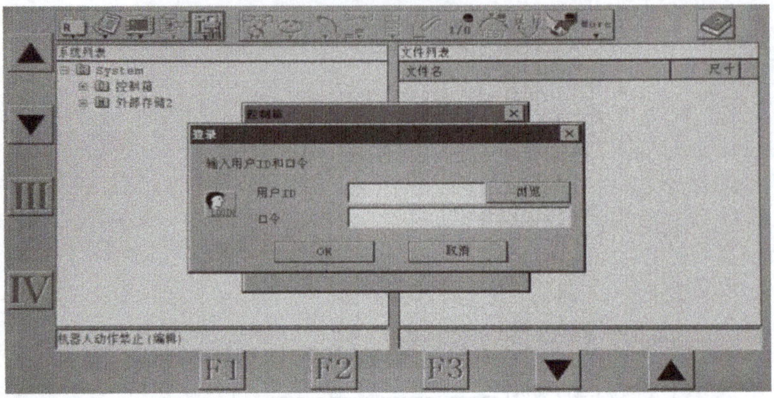

图 3-7　ID 输入窗口

【重要提示】：在 ID 窗口输入字母或数字时，遇到输入有误情况时，可使光标移到 BS（退格）+➡，将输入的内容删除。

（2）设定自动登录的方法　按照 设定 → 管理工件 → 用户管理 → 自动登录 的顺序打开设定界面，将自动登录选为“有效”即设定自动登录过程。

1）当设定为有效后，ID 输入窗口将不再出现，该设定为出厂默认设定。

2）当设定为无效时，打开电源后，将出现上述 ID 输入窗口。

为保护机器人数据不受损坏，可根据实际情况设定不同的用户级别，对用户进行分级管理，如表 3-4 所示。

表 3-4　用户级别及权限

用户级别	对象	可进行的操作
操作工	机器人操作工	运行
程序员	示教工	运行 + 示教
系统管理员	机器人系统的管理负责人	运行 + 示教 + 设定

2. 打开文件或创建新文件

如要打开曾建过的某程序文件，则单击菜单图标中的 文件 R 图标，打开后的下拉菜单如图 3-8 所示。然后从 程序 或 最近使用过的文件 查找所要打开的文件，找到文件后将光标移到 OK 按钮上，并侧击拨钮确认即可打开文件（图 3-9），或直接按 登录 键打开文件。打开文件后可进行编辑程序、再现、运行等相应操作。

如要新建文件，则在图 3-8 中的下拉菜单中单击 新建 文件图标，输入新文件名即可。

3. 示教、再现、编辑及运行操作

创建新文件后根据需要进行示教、再现、编辑及运行等操作。关于示教、再现、编辑及运行方面的操作技术在后续章节中有详细介绍。

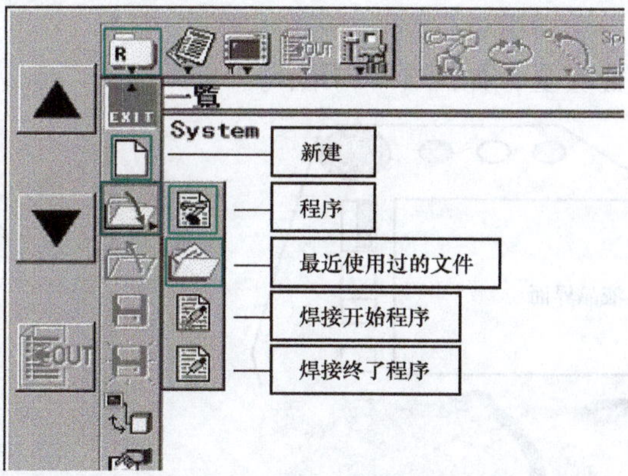

图3-8　文件菜单

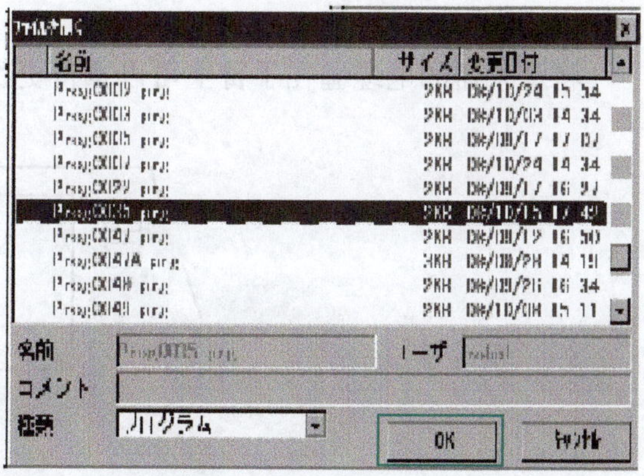

图3-9　程序列表窗口

课堂笔记：

3.2　焊接机器人移动操作

3.2.1　移动前的准备

1. 接通控制器电源

打开机器人控制器的电源开关，系统数据开始传送到示教器，完成后进入可操作状态，如图3-10和图3-11所示。

【安全警示】：

⚠ ◆ 闭合伺服电源前确保机器人工作范围内没有人在场。

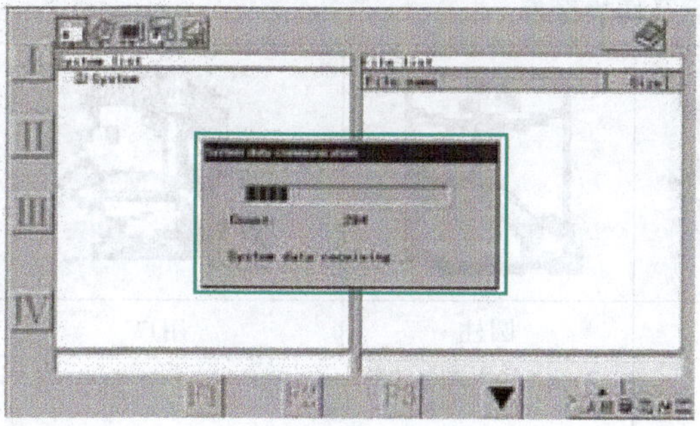

图3-10　系统数据传送

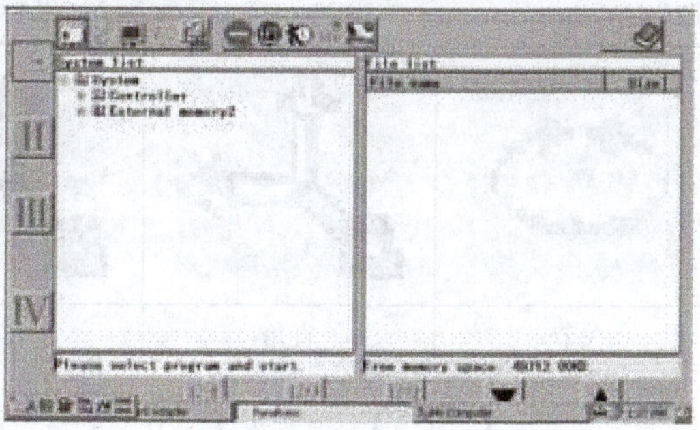

图3-11　初始操作界面

2. 手持示教器

将示教器的电缆缠在手臂上可以拿得更稳、更安全，如图 3-12 所示。

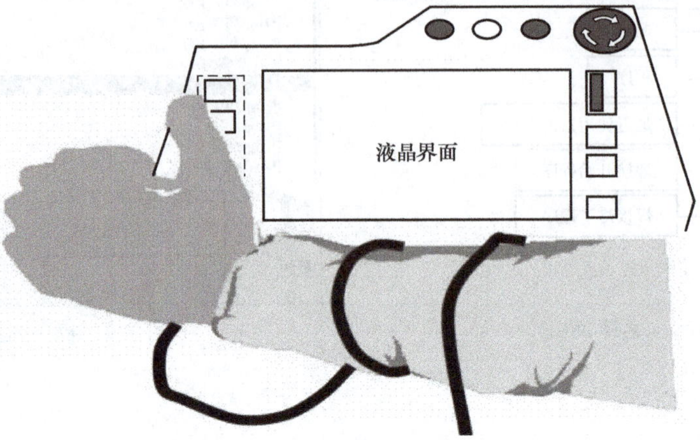

图 3-12 示教器的正确手持法

3. 接通伺服电源

（1）打开[安全开关]。握住示教器背面的两个黄色安全开关。松下机器人的安全开关为三段位式开关，其三段位具体操作如下：当未握住状态时，伺服为 OFF，机器人不能移动；当轻轻握住状态时，开关处于第一段，此时伺服为 ON，机器人可以移动；用力握住时为第二段，此时伺服 OFF，机器人也不能移动。

（2）按下[伺服开关]。

（3）打开[机器人动作]图标。

通过功能键[Ⅳ]打开机器人移动开关，使机器人移动绿灯亮，即⇨。

（4）选择坐标系。机器人有关节、直角、工具、圆柱及用户五个坐标系，其中常用的是前三个，而圆柱及用户坐标系属于扩展功能。在按住右切换键的状态下，再按功能键[Ⅰ]来依次选择关节、直角、工具坐标系。各坐标系的对应图标及切换顺序见表 3-5，默认状态为关节坐标系。操作者可根据示教需要选择不同的坐标系。整体移动机器人通常推荐选择直角坐标系，直观又简便。如要调整焊枪角度（姿态），则建议选用工具坐标系，方便调节。

表 3-5 坐标系图标及切换顺序

	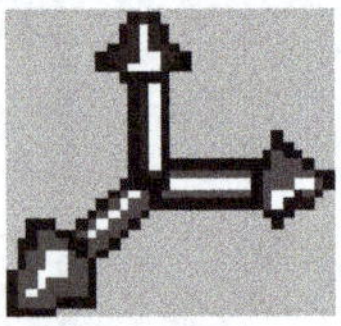		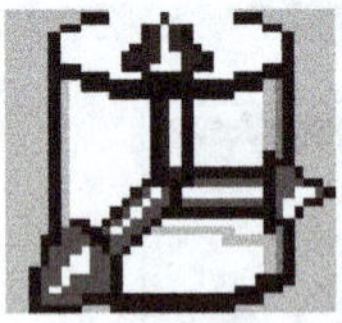	
关节	直角	工具	圆柱	用户
切换 ⇨ [Ⅰ] 切换 ⇨ [Ⅰ] 切换 ⇨			（在扩展设定中选择）	

通过示教器的菜单栏也可选择坐标系，如图 3-13 所示。选择关节、直角及工具坐标系时，机器人的运动规律如下：

1）关节坐标系：机器人的各轴（即关节）单独运动，如图 3-14 所示。

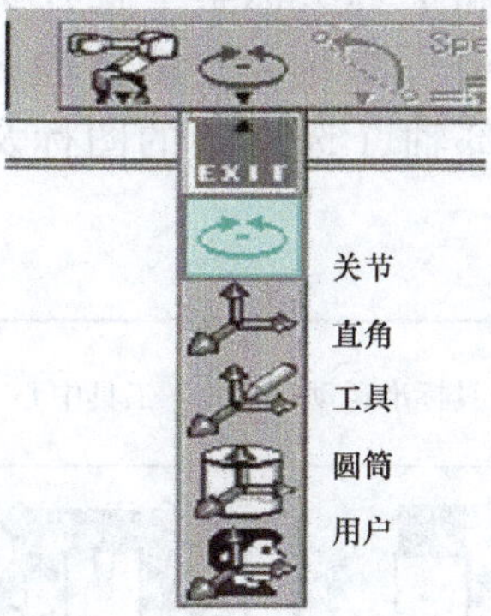

图 3-13　坐标系菜单

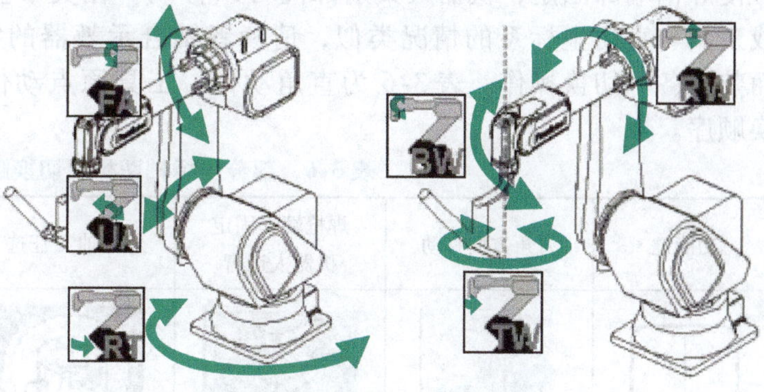

图 3-14　关节坐标系

2）直角坐标系：以机器人坐标系为基准移动机器人，如图 3-15 所示。

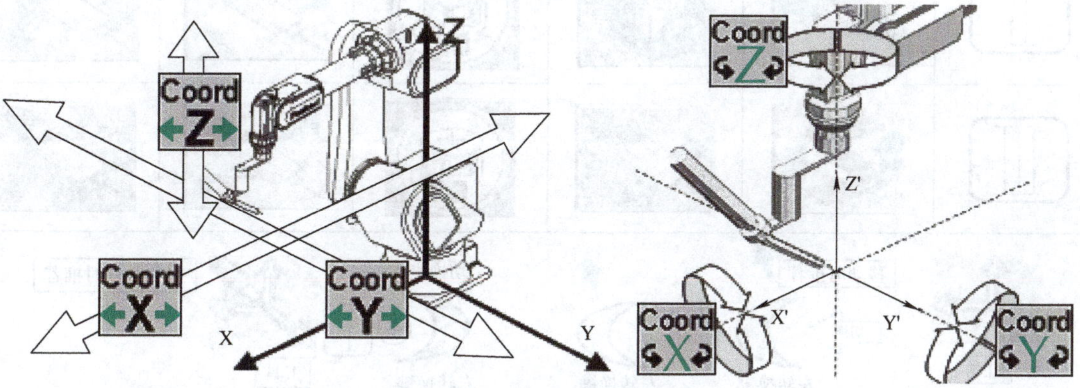

图 3-15　直角坐标系

3）工具坐标系：以目标工具的方向为基准移动机器人，如图 3-16 所示。

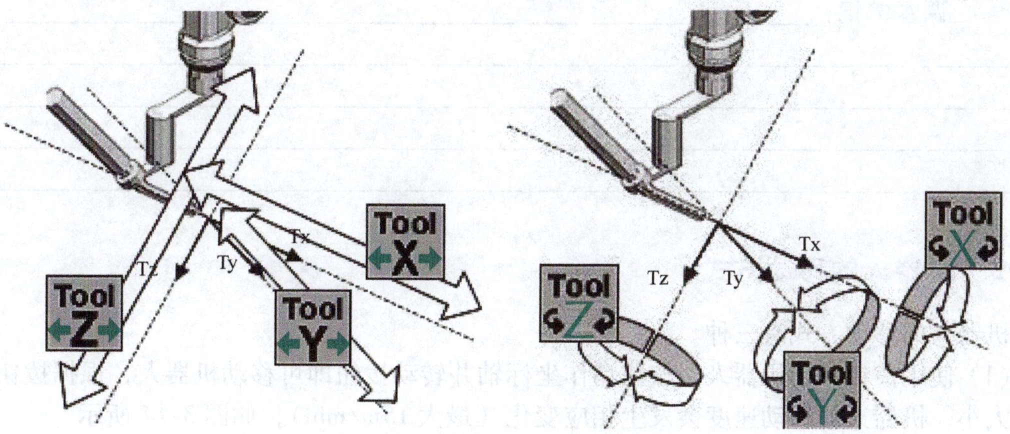

图 3-16　工具坐标系

（5）选择坐标轴。确定坐标系之后，还需要选择某坐标系下的动作轴。以直角坐标系为例，在初始状态下，功能键Ⅰ、Ⅱ、Ⅲ分别对应的是、、，使机器人可以沿 XYZ 三个坐标轴直线移动。如按一下左切换键，将、、同时切换为、、，可使焊枪端部固定，机器人其余部位可以移动。在关节坐标系和工具坐标系下选择关节或工具与直角坐标系的情况类似，请读者结合示教器的实际操作，多练习、多体验，进而熟悉各种切换操作。表 3-6 为直角动作、工具原点动作、外部轴（选配）的图标及切换顺序。

表 3-6 部分坐标轴图标及切换顺序

功能键	直角方向移动	焊枪端部固定 机器人运行	外部轴（任选）	工具标准运动	工具中心
Ⅰ				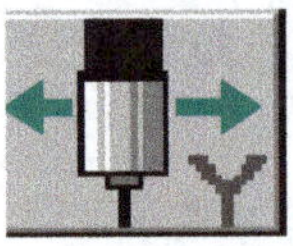	
Ⅱ		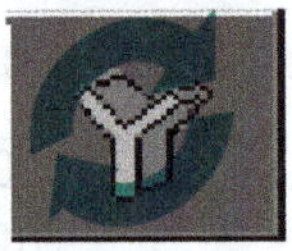			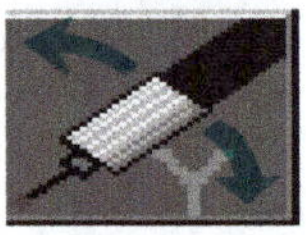
Ⅲ		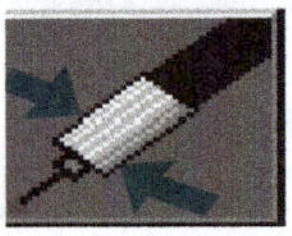			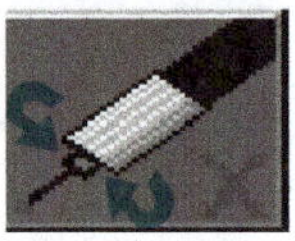

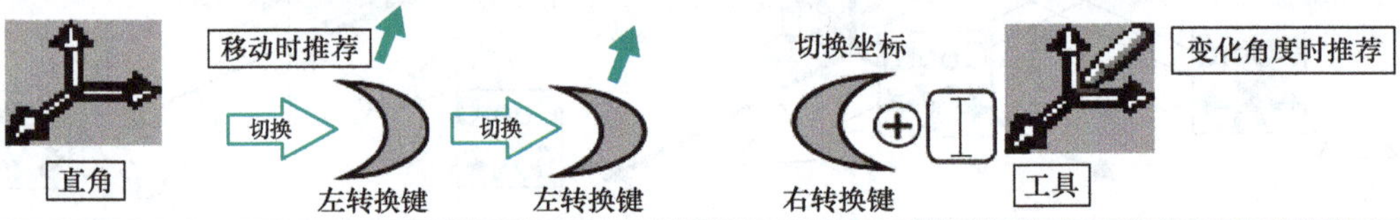

课堂笔记：

3.2.2 机器人的移动方式

机器人的移动方式有三种。

（1）使用拨钮移动机器人　按住动作坐标轴并转动拨钮即可移动机器人，根据拨钮转动量的大小，机器人的移动速度会发生相应变化（最大 15m/min），如图 3-17 所示。

（2）使用 +/- 键移动机器人　按住动作坐标轴并按击 +/- 键，如图 3-18 所示。

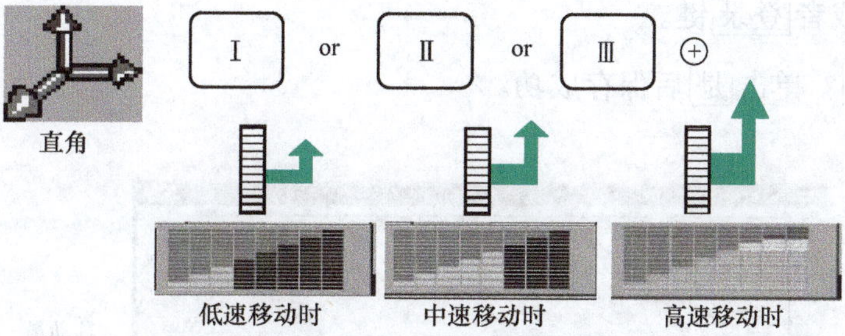

图3-17　拨钮移动机器人

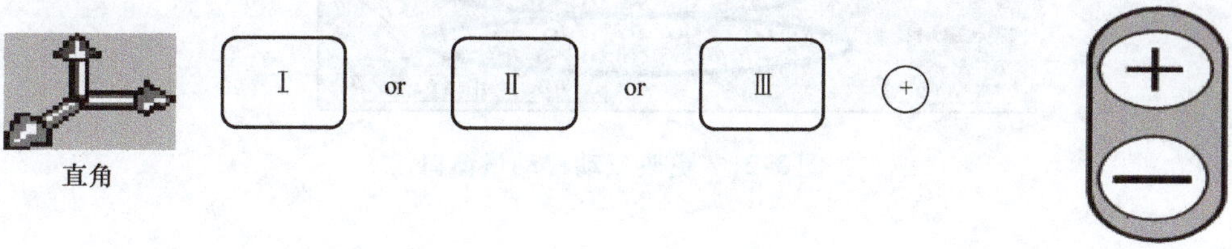

图3-18　用“+/−”键移动机器人

按照窗口右上角显示的高、中、低的速度使机器人移动，如图3-19所示。+/−键标准速度为：

高　30m/min

中　10m/min

低　3m/min

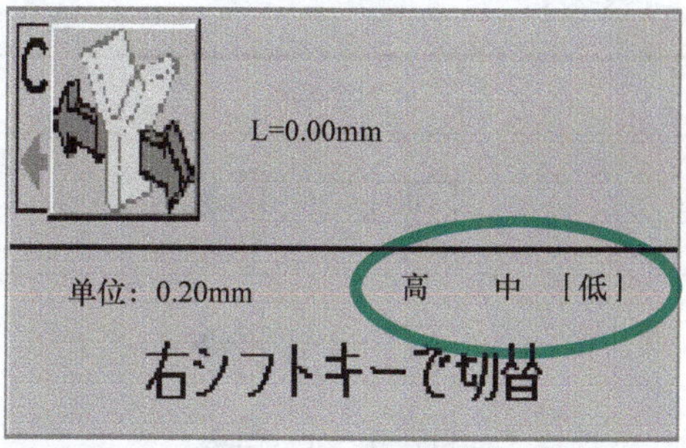

图3-19　“+/−”键的标准动作速度

速度值可以在[More]菜单下的[示教设定]窗口中设定。

（3）用点动动作移动机器人（使用拨钮）

按住动作坐标轴并转动拨钮（勿侧击），每转一格机器人移动一段距离。

如图3-20所示，标准点动位移量：高为1.00mm，中为0.50mm，低为0.20mm，可以设定点动移动量的范围为0.01～9.99mm。

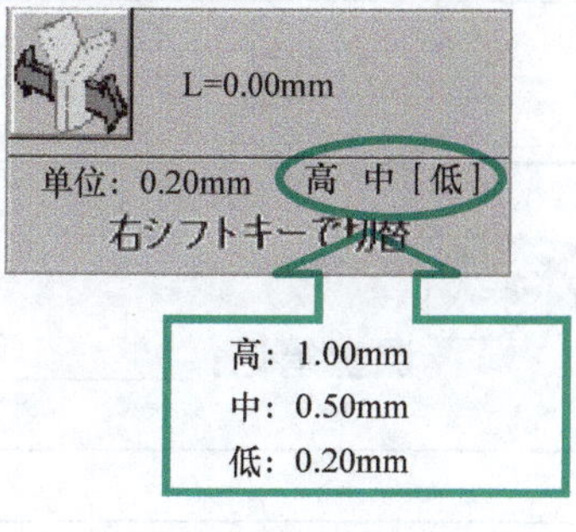

图3-20　标准点动位移量

更改点动位移量的方法如下：

1）单击[设定]菜单。

2）选中[机器人]按钮。

3）选中[点动]按钮。

4）在点动位移量设定窗口中输入[移动量]和[回转量]后[登录]，如图3-21所示。

5）单击OK或者登录键。

6）是否保存？单击是后保存成功。

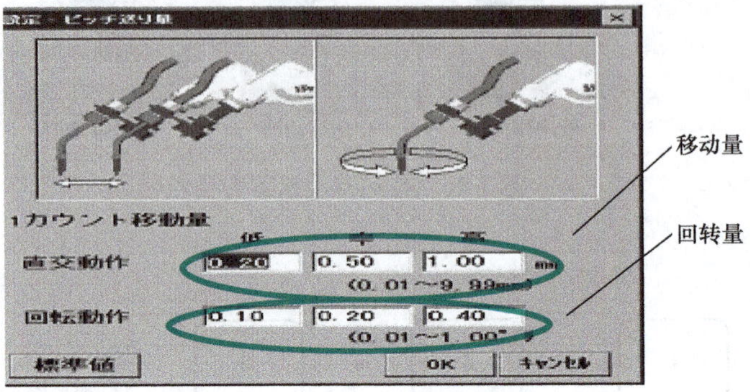

图3-21　更改点动移动量窗口

当您发现更改有误时，请单击取消键，即可返回上一个画面。

【重要提示】：将2次操作合并成1次操作的方法，见表3-7。

表3-7　按键合并操作

2次操作	1次操作
OK ＋ 	登录 
是 ＋  执行 ＋ 	登录 
否 ＋ 	取消 
× ＋ 	

课堂笔记：

3.3　焊接机器人示教、再现操作

3.3.1　示教操作基础

1. 示教点

（1）示教点属性　机器人边移动边记忆的动作称为示教。对机器人示教时，使机器人在两点或多个点之间移动，这些点称为示教点。示教点包含位置坐标、示教速度、插补方式、次序指令等属性。

1）位置坐标：是指示教点的具体位置坐标，如直角坐标系的 XYZ 值。

2）示教速度：是指示教焊接机器人从上一个示教点移到当前示教点的速度。

3）插补方式：是指焊接机器人从上一个示教点移到当前示教点的动作类型，即移动轨迹，如直线、圆弧等，见表 3-8。

表 3-8　插补方式及运行轨迹

插补方式	运行轨迹
PTP 点（MOVEP）	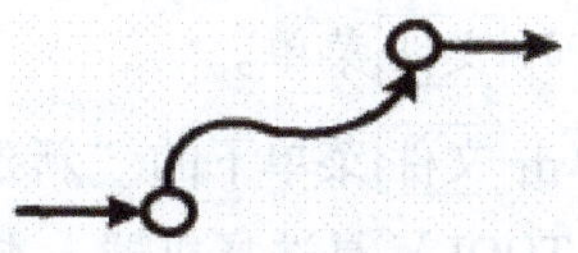
直线插补（MOVEL）	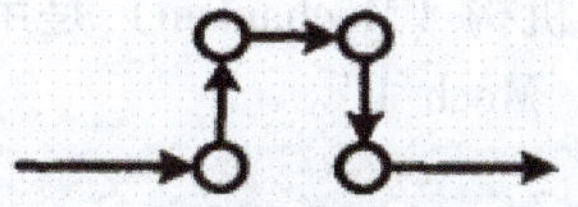
圆弧插补（MOVEC）	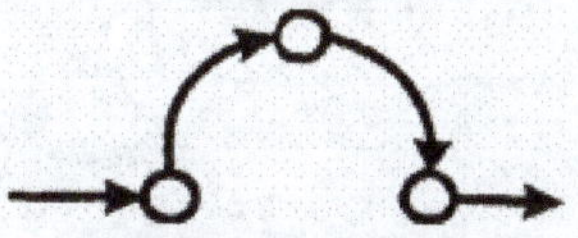
直线摆动（MOVELW）	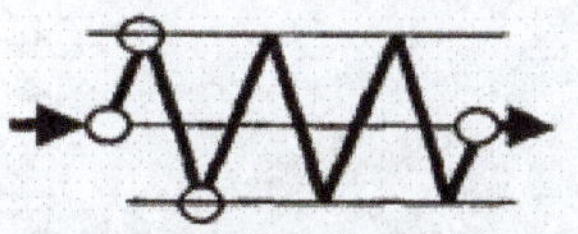
圆弧摆动（MOVECW）	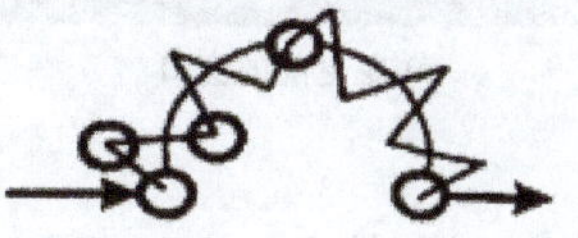

4）次序指令：包括焊接规范（焊接电流、电弧电压、焊接速度）、收弧规范（收弧电流、收弧电压、收弧时间）、焊枪 ON/OFF 开关、I/O 信号等。

（2）空走点与焊接点　示教点分为空走点和焊接点两种。在示教、编程操作时，明确所示教的点是空走点或焊接点很重要。在示教过程中将示教点设置为焊接点或空走点时将自动加入焊接开始以及终了的次序指令，如焊接电流、电弧电压、焊接速度、收弧电流及收弧时间等。

1）空走点：属于示教点的一种，是指未焊接的点和焊接终了点。如图 3-22 所示，P2—P3—P4—P5—P6 为示教区间，即机器人的移动区间，其中 P2—P3 和 P5—P6 为空走区间，而 P3—P4—P5 为焊接区间。因此，P2、P6 点为未焊接的点，属于空走点；P5 点为焊接终了点，也属于空走点。

2）焊接点：属于示教点的一种，是指焊接开始点和焊接中间点。图 3-22 中的 P3 点为焊接开始点，因此属于焊接点；P4 为焊接中间点，也属于焊接点。

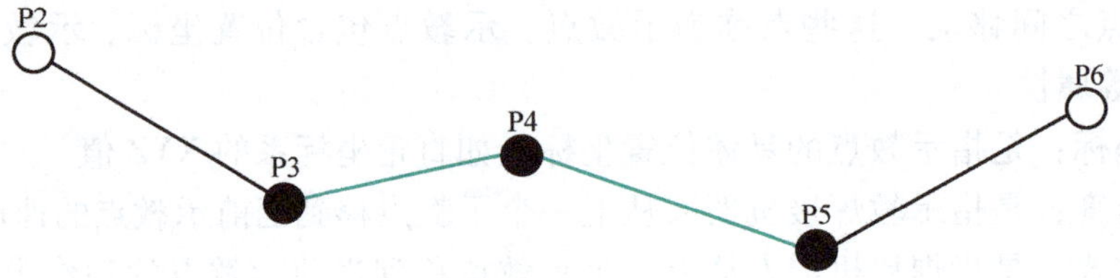

图 3-22　机器人的示教区间

2. 示教操作步骤

（1）将模式开关打到Teach上。

（2）打开文件菜单。

（3）单击文件菜单下的“新建”，则弹出新建文件对话框，如图 3-23a 所示。对话框中的工具（TOOL）是选择机器人本体上所带的工具（如焊接用焊炬等）在偏置数据中登录的工具号；机构（Mechanism）是用于有外部轴的机器人系统。可以自行对机构分类，出厂时设为“1：Mech 1”。

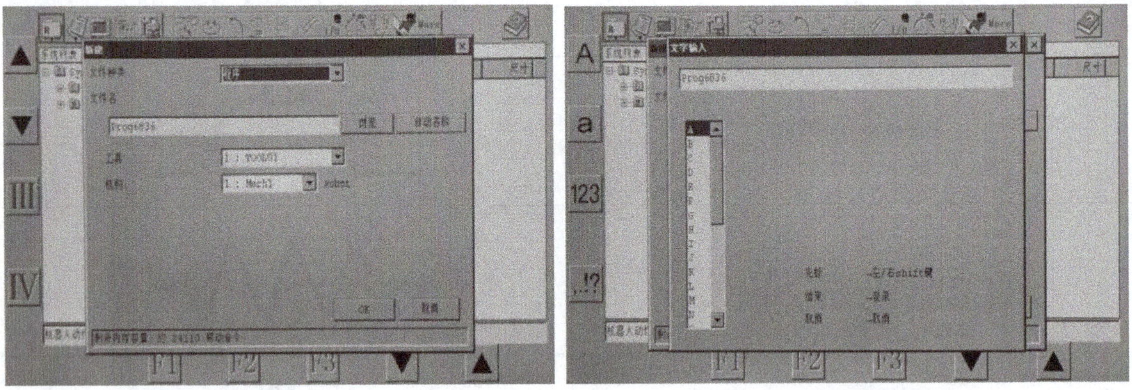

a) 变更前的窗口　　b) 变更时的窗口

图 3-23　文件名变更窗口

（4）输入新文件名。

初始文件名由机器人自动生成，如 Prog0047。操作者可使用初始文件名，也可重新命名，但最多可以使用 28 个半角英文字母和数字。

1）当确认文件名合适时，单击OK（或按登录键）。

2）更改文件名时，按照如下步骤操作：

① 将光标移到文件名上，并选中（侧击拨钮）。

② 选择功能键所对应的数字（1，2，3）或大写英文（A）或小写英文（a）或符号（!?）等。功能键[I]、[II]、[III]、[▲▼]分别显示大写字母、小写字母、数字及符号，如图 3-23b 所示。

③ 使用[BS]键移动光标删除数字或英文或符号。

④ 输入需要的数字、英文或符号。

⑤ 确定程序文件名。

（5）将机器人移至目标位置。

（6）登录示教点并进行设置。将机器人移到目标位置后按[登录]键，则会弹出[增加]窗口，在[增加]窗口中可进行相应设置。如不更改默认设置，可直接单击[OK]确定，如要重新进行设置，则按照如下方法进行设置。

1）设置插补方式：在插补方式的下拉菜单中可选择点 MOVEP（点）、MOVEL（直线）及 MOVEC（圆弧）等插补方式，选择插补方式后如无其他设置则单击[OK]确定，如图 3-24 所示。

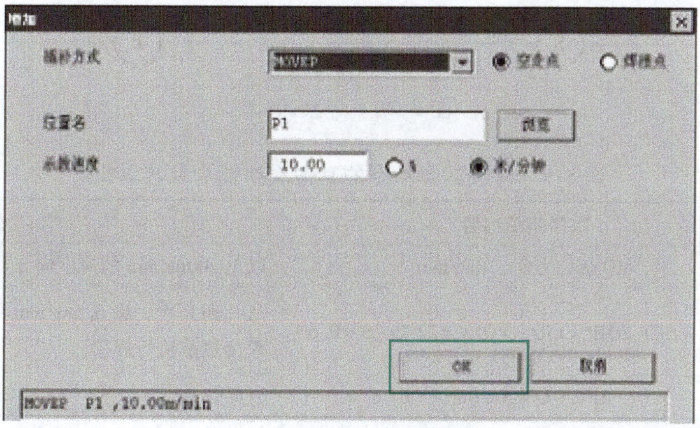

图 3-24　插补方式设置

2）设置示教点种类：将示教点设为空走点或是焊接点，在相应位置单击选中即可，如图 3-25 所示。

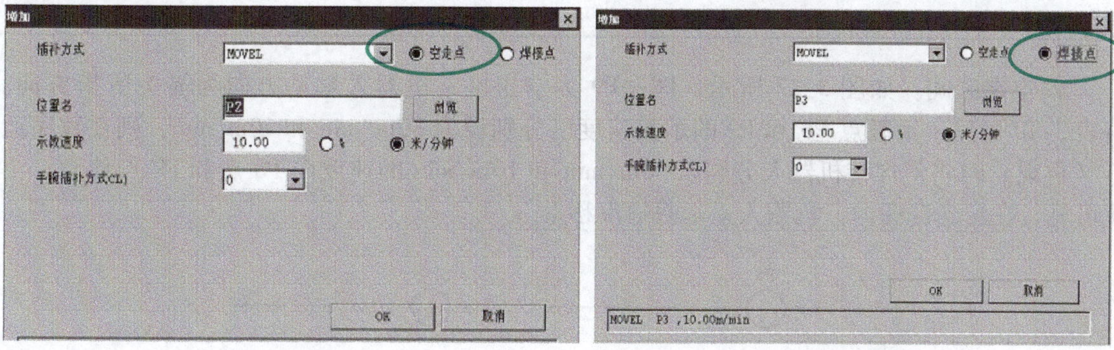

a) 空走点设置　　b) 焊接点设置

图 3-25　示教点的种类设置

3）修改示教点名称：指示教点的具体名称，如P1、P2或M1、M2等。默认名称为字母P开头，且第二位数字按递增自动生成。用户可选默认或进行修改，修改方法与文件名的更改方法相同。

4）示教速度：默认值为10m/min，根据需要可以修改，修改方法也与文件名更改方法相同。示教速度为示教机器人从上一个示教点移到当前示教点的速度，但所设置的示教速度不一定都是机器人从上一个示教点移到当前示教点的实际移动速度，这取决于示教区间为焊接区间还是空走区间。

① 焊接区间。如图3-26所示，P8（S点）—P9（E点）为焊接区，焊接方向为箭头所指方向。由表3-9可见，示教点P8的示教速度设为10m/min（默认值），在程序运行（再现）时将使焊接机器人以10.00m/min的速度向S点移动；示教点P9的示教速度也设为10m/min（默认值），但在程序运行（再现）时机器人由S点向E点移动时的实际移动速度为0.6m/min，也就是说在焊接区间内机器人以焊接开始点P8中设置的焊接速度0.6m/min来移动。由此可见，在焊接区间内，机器人以焊接速度移动。

焊接区示教点的其他次序指令及含义详见表3-9。

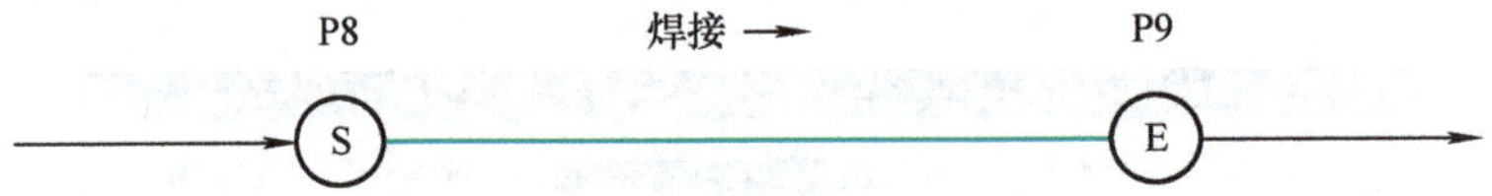

图3-26　焊接区间

表3-9　焊接区示教点的其他次序指令及其含义

示教点	次序指令内容	含　义
P8（S点）	MOVEL　P8　10m/min	以10.00m/min的速度向S点直线移动
	ARC-SET　AMP=170　VOLT=22.0　S=0.6	从S到E点，以0.6m/min的速度，170A、22V的焊接规范执行焊接
	ARC-ON ArcStart1	开始焊接
P9（E点）	MOVEL　P9　10m/min	向E点再现时，速度为0.6m/min。运行时以ARC-SET中设定的速度运行
	CRATER　AMP=100　VOLT=19.0　T=0.20	在E点，按照100A、19V的收弧规范进行0.2秒钟的收弧处理
	ARC-OFF ArcEnd1	焊接结束

② 空走区间。如图3-27所示，P8—P9为空走区，机器人移动方向为箭头所指方向。由表3-10可见，示教点P8和P9的示教速度已分别设为30m/min和10m/min，则在程序运行（再现）时将使焊接机器人分别以30m/min和10m/min的速度向P8点和P9点移动。由此可见，在空走区间内，机器人以示教速度移动。

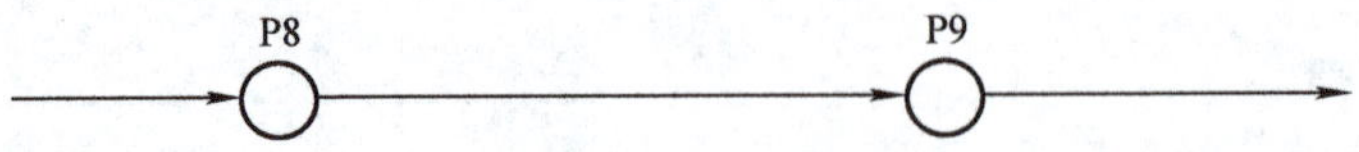

图3-27　空走区间

表 3-10　空走区示教点的次序指令及其含义

示教点	次序指令内容	含　义
P8 点	MOVEL　P8　30m/min	以 30m/min 的速度直线移动到 P8 点
P9 点	MOVEL　P9　10m/min	以 10m/min 的速度直线移动到 P9 点

5）设置手腕插补方式（CL）编号：手腕插补方式（CL）编号有 0、1、2、3，用户根据需要进行选择，其含义见表 3-11。

表 3-11　手腕插补方式编号及其含义

CL 编号	含　义
0	自动计算
1	圆弧插补时，工具矢量近似于竖直姿态（小于 10°）时使用
2	圆弧插补时，工具矢量不处于竖直姿态（大于 10°）时使用
3	处于 BW 和 RW 轴平行的特异姿态时使用； 使用 CL3 可避免在特异点上 RW 轴发生反转动作，但不能保持工具姿态固定（工具姿态将发生改变）

6）确认设置：最后确认窗口内容准确无误后，单击[OK]或者按一下[登录]键。

3. 示教时用户功能键的操作

在示教过程中，常用到用户功能键，在不同的操作状态下，其功能和作用也相应发生变化，用户根据需要使用即可。图 3-28 所示为用户功能键的两种功能显示状态，使用时按一下对应功能键。

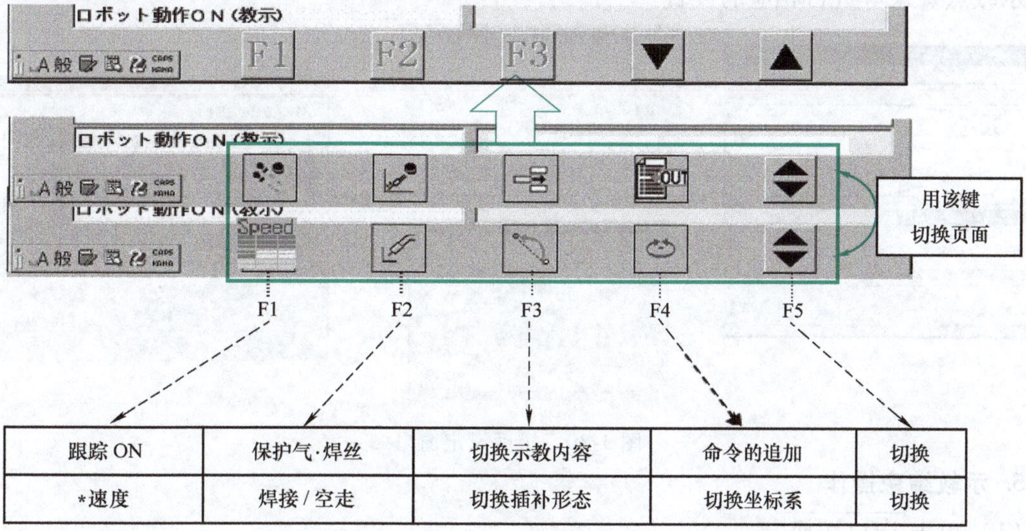

图 3-28　用户功能键

4. 示教时的各种设定

（1）示教设定　设定在示教时的基本输入值。

1）单击[More]。

2）打开[示教设定]窗口，如图 3-29 所示。

3）确认或修改设定内容。示教初始数据系统会自动输入，如有改动则重新设定后单击OK或按登录键。

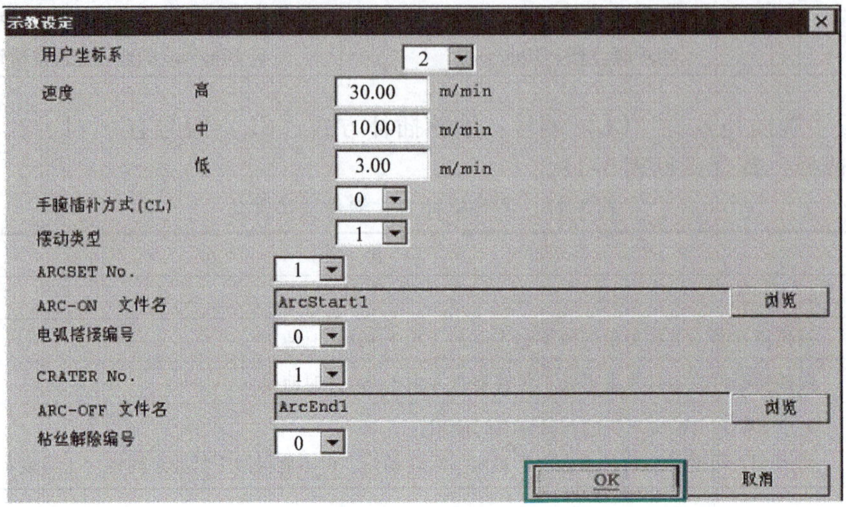

图 3-29　示教设定窗口

（2）扩展设定

1）单击More。

2）打开扩展设定窗口，如图 3-30 所示，可对焊接区间整体平移、跟踪设定、右 shift 键和示教点登录等进行相应的设置。

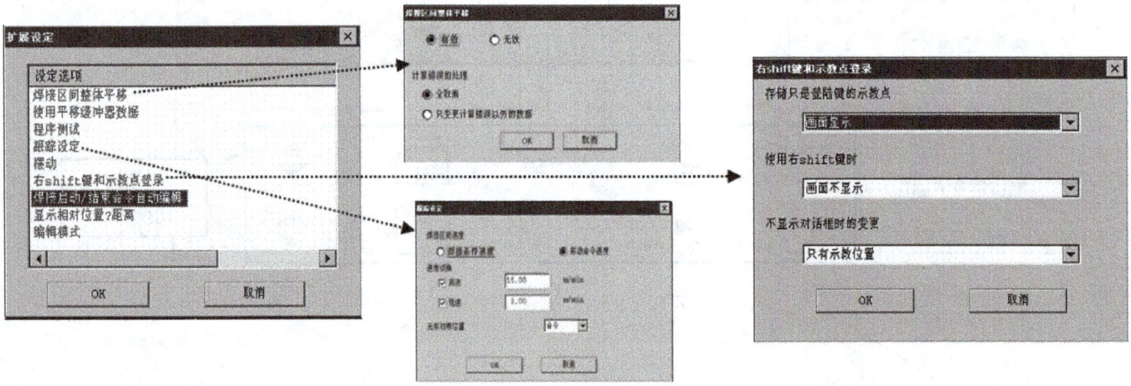

图 3-30　扩展设定窗口

5. 示教结束操作

（1）单击窗口切换键。

（2）将光标移到文件菜单上（如果光标已经文件菜单上时，无需此操作）。

（3）单击文件菜单。

（4）选择文件菜单的关闭。，弹出保存窗口，回答是否保存，如图 3-31 所示。

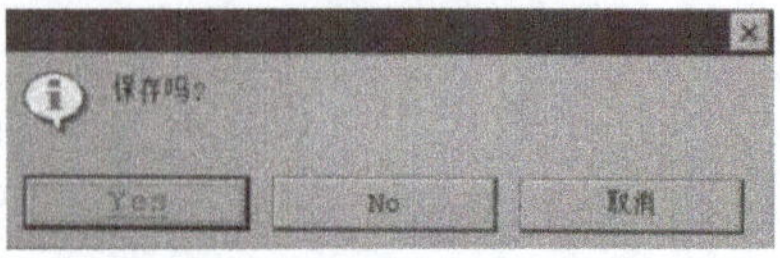

图 3-31　文件保存窗口

（5）需要保存时，单击是或按登录键。

（6）无需保存时，单击否。但要注意，光标虽然在否上，但如果按登录键后，结果将为是（即“保存”）。

课堂笔记：

3.3.2 直线的示教操作

在进行直线示教时，机器人在示教点和示教点连成的直线轨迹上运行，这是焊接生产中最常见的一种焊接轨迹，如容器纵缝焊接。

1. 示教轨迹

图3-32为拟示教的直线轨迹，由P2—P3—P4两段直线组成，其中将P3—P4段设为焊接区间，而P2—P3段设为空走区间。因此，P2点、P4点应设为空走点，P3点应为焊接点。

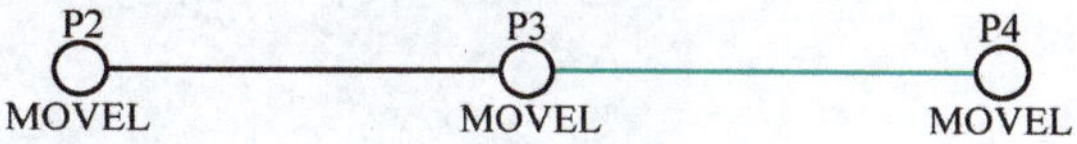

图3-32 直线示教轨迹

2. 示教操作

（1）示教P1点 通常将机器人初始位置点设为P1点。登录P1点后完成插补方式、速度等相关设置，当然可设置为其默认值。

（2）示教P2点 手动将机器人移动到P2点后，登录该点并完成相关设置，如图3-33所示。

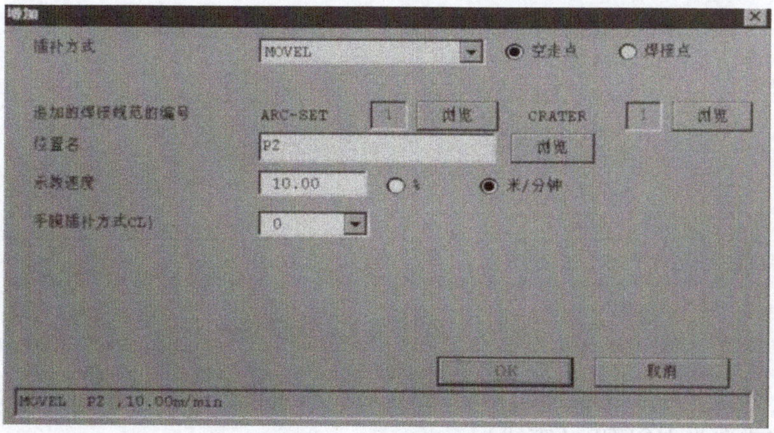

图3-33 P2点设定窗口

由图3-33可见：

1）插补方式选为MOVEL（直线）。

2）将 P2 设为空走点。

3）示教速度设为 10m/min（默认值）。

4）示教点名称和其他参数不变。

（3）示教 P3 点　手动将机器人移动到 P3 后，登录该点并完成相关设置，如图 3-34 所示。

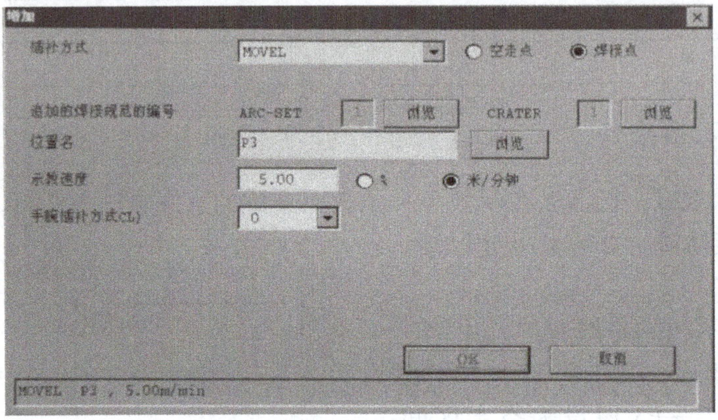

图 3-34　P3 点设定窗口

由图 3-34 可见：

1）插补方式选为 MOVEL（直线）。

2）P3 点设为焊接点。

3）示教速度设为 5m/min。

4）在程序窗口中完成焊接电流、焊接电压、焊接速度的设置，如图 3-35 所示。如果仅用于示教、再现训练，则保留其默认值即可。修改数值的方法详见 3.4.1 节。

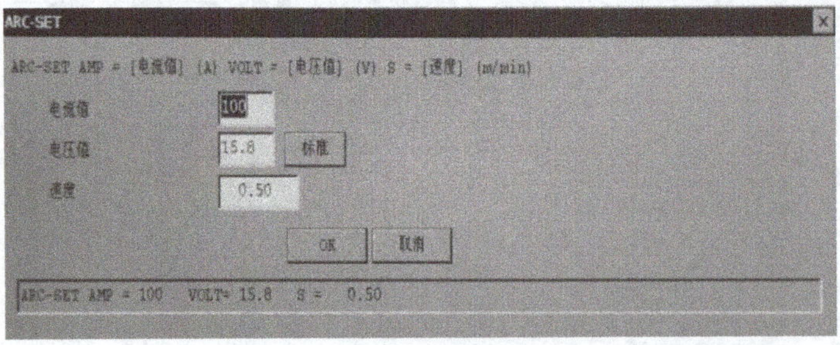

图 3-35　焊接参数设定窗口

（4）示教 P4 点　手动将机器人移动到 P4 后，登录该点并完成相关设置。

1）插补方式选为 MOVEL（直线）。

2）设为空走点。

3）示教速度取默认值。由于 P3—P4 线段为焊接区间，故机器人的运行速度为焊接速度。

4）在程序窗口中完成收弧电流、收弧电压、停留时间的设置，如图 3-36 所示。

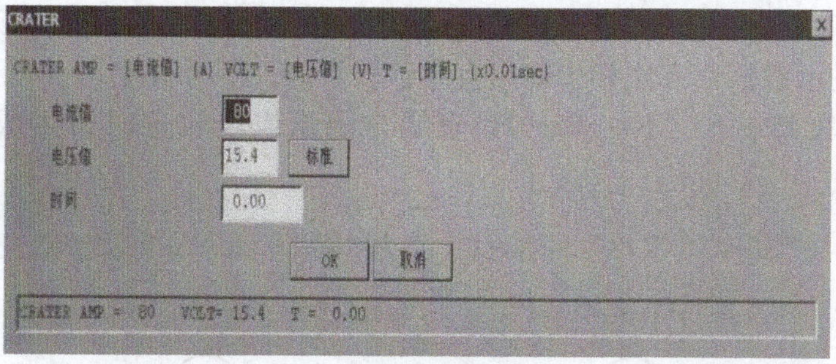

图 3-36　收弧参数设定窗口

3. 示教程序

对图 3-32 所示直线轨迹进行如上述示教后，示教器主窗口中显示程序如表 3-12 所示。

表 3-12　直线示教程序

语句行	程序语句	注释
1	Baozhiyuan1. prg	程序名称
2	1：Mech：Robot	运动机构设置
3	Begin of program	程序开始
4	TOOL = 1：TOOL01	末端工具设置
5	MOVEP P1 , 10.00m/min	示教点 1（空走点）
6	MOVEL P2 , 10.00m/min	示教点 2（空走点）
7	MOVEL P3 , 5.00m/min	示教点 3（焊接开始点、焊接点）
8	ARC - SET AMP = 100 VOLT = 15.8 S =0.5	焊接规范参数，分别为焊接电流（A）、焊接电压（V）及焊接速度（m/min）
9	ARC - ON ArcStart1. prg RETRY = 0	焊接开始指令
10	MOVEL P4 , 10.00m/min	示教点 4（焊接结束点、空走点），在 P3 至 P4 区间机器人以焊接速度 S = 0.5m/min 行进
11	CRATER AMP = 80 VOLT = 15.4 T =0	焊接收弧规范参数
12	ARC - OFF ArcEND1. prg RETRY = 0	焊接结束指令
13	End of program	程序结束

课堂笔记：

3.3.3　圆弧的示教操作

圆弧示教时，机器人以圆弧轨迹运行。圆弧示教分为半圆示教和整圆示教两种。

1. 半圆示教

圆弧示教必须通过 3 个或 3 个以上的点进行示教，即至少示教 3 个点，且圆弧上示教点的插补方式均应选为 MOVEC。图 3-37 所示的 P2—P3—P4—P5—P6 为直线和圆弧组合轨迹，其中区间 P2—P3 和 P5—P6 为直线空走区间，P3—P4—P5 为圆弧焊接区间。

圆弧示教点的示教操作方法和步骤与直线示教类似，不再赘述。

表 3-13 为示教 P2—P3—P4—P5—P6 直线与圆弧组合轨迹时所生成的程序，供读者参考。

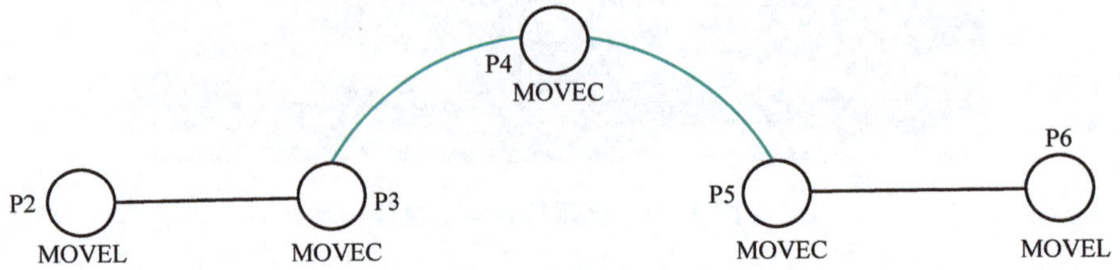

图 3-37 圆弧示教轨迹

表 3-13 圆弧示教程序

语句行	程序语句	注释
1	Baozhiyuan2. prg	程序名称
2	1：Mech：Robot	运动机构设置
3	Begin of program	程序开始
4	TOOL = 1：TOOL01	末端工具设置
5	MOVEP P1 , 10. 00m/min	示教点 1（空走点）
6	MOVEL P2 , 10. 00m/min	示教点 2（空走点）
7	MOVEC P3 , 3. 00m/min	示教点 3（焊接开始点、焊接点）
8	ARC - SET AMP = 120 VOLT = 20 S =0. 45	焊接规范参数，分别为焊接电流（A）、焊接电压（V）及焊接速度（m/min）
9	ARC - ON ArcStart1. prg RETRY =0	焊接开始指令
10	MOVEC P4 , 10. 00m/min	示教点 4（焊接中间点、焊接点）
11	MOVEC P5 , 10. 00m/min	示教点 5（焊接结束点、空走点），在 P3 至 P5 圆弧区间，机器人以焊接速度 S = 0. 45 m/min 行进
12	CRATER AMP = 100 VOLT = 15. 0 T =0. 00	焊接收弧规范参数
13	ARC - OFF ArcEND1. prg RETRY =0	焊接结束指令
14	MOVEL P6 , 3. 00m/min	示教点 6（空走点）
15	End of program	程序结束

2. 整圆示教

整圆示教必须通过 4 个或 4 个以上的点进行示教，即至少示教 4 个点，如图 3-38 所示。

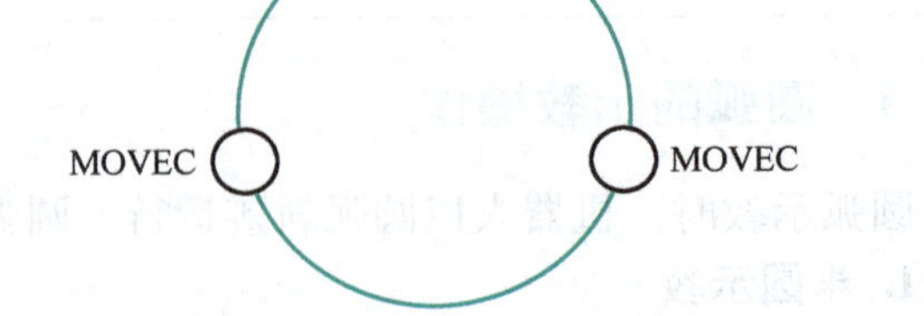

图 3-38 整圆示教

3. 圆弧示教中常见问题

【问题 1】当圆弧的终了点位置偏移时，将会出现轨迹跑偏，如图 3-39 所示。

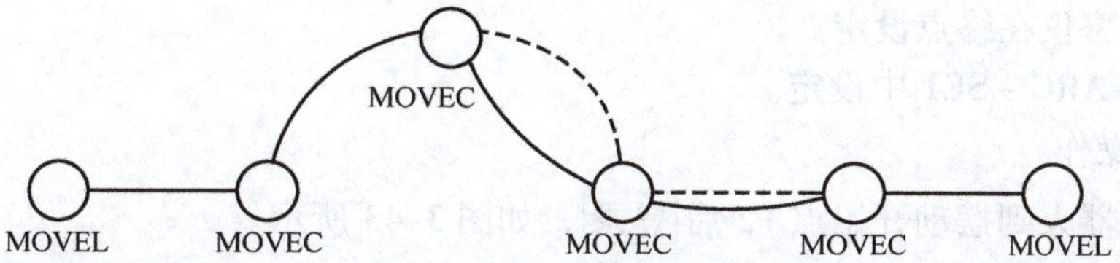

图 3-39　圆弧终了点位置偏移

【问题 2】如果圆弧示教点之间距离过近，修正时会发生轨迹偏移，如图 3-40 所示。

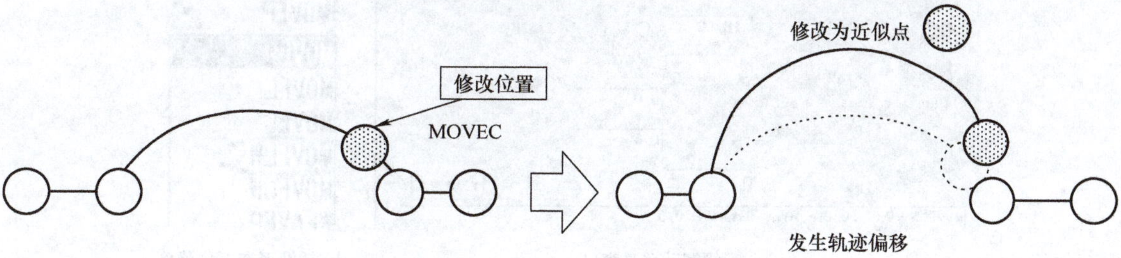

图 3-40　示教点之间距离过近

【问题 3】仅示教 2 个圆弧插补点时，运行轨迹为直线，如图 3-41 所示。由于机器人不能够计算圆弧中心点，因此将进行直线运动。

图 3-41　仅示教 2 个圆弧插补点

4. 删除圆弧

要删除圆弧时，需将所有的圆弧点删除（从任何一个圆弧点开始皆可删除）。

课堂笔记：

3.3.4　摆动的示教操作

摆动是指机器人在振幅点之间一边摆动一边向前移动的动作。在焊接生产过程中，经常采用焊丝（焊条）的摆动方法获得所需的焊缝宽度、焊缝厚度及热输入等。

1. 直线摆动示教

（1）示教轨迹　如图 3-42 所示，机器人的移动主方向为直线 P2→P5，振幅点分别为 P3 和 P4，机器人在振幅点 P3 和 P4 之间一边摆动一边向终点 P5 移动，即机器人做直线摆动。

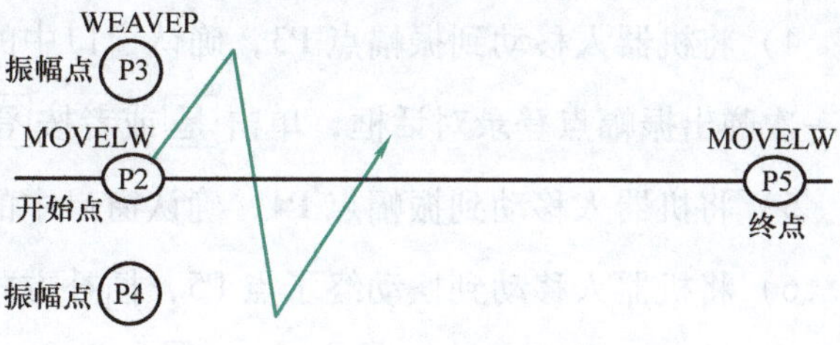

图 3-42　直线摆动轨迹

（2）摆动参数设定要求

1）摆动类型（插补方式）在开始点设定。

2）摆动宽度、两端停留时间在振幅点设定。

3）摆动频率仅在终点设定。

4）速度在 ARC－SET 中设定。

（3）示教操作

1）移动机器人到摆动开始点 P2 后登录，如图 3-43 所示。

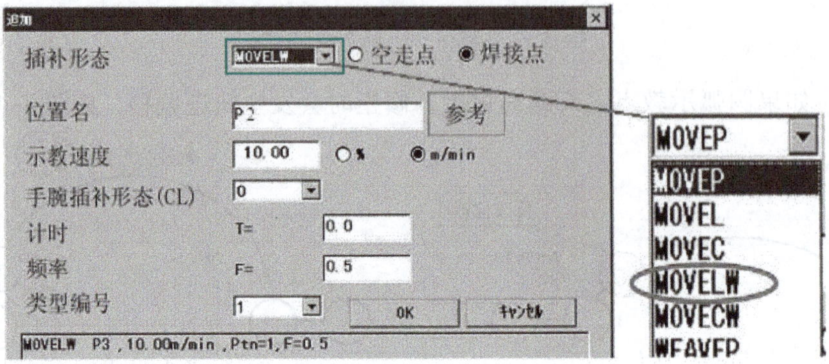

a) 直线摆动登录窗口　　　　b) 插补形态下拉菜单

图 3-43　直线摆动设置

2）在登录窗口中将插补方式设定为 MOVELW，并将速度等设置好后单击OK。

3）弹出振幅点登录对话框，如图 3-44 所示，单击是或者按登录键。

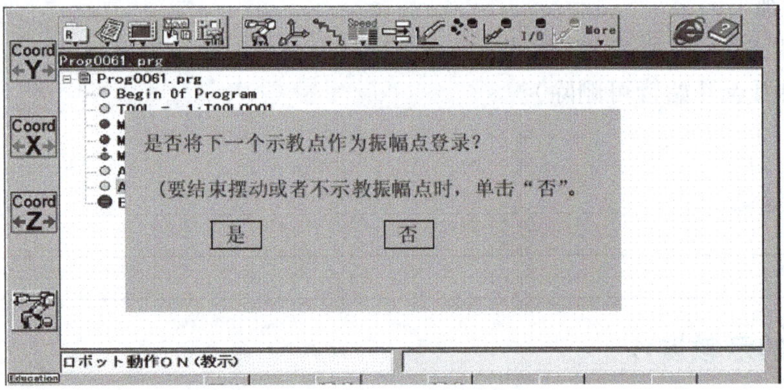

图 3-44　振幅点登录对话框

4）将机器人移动到振幅点 P3，确认窗口中的插补方式为 WEAVEP 后按登录键。此时再一次弹出振幅点登录对话框，单击是或者按登录键。

5）将机器人移动到振幅点 P4，确认窗口中的插补方式为 WEAVEP 后按登录键。

6）将机器人移动到摆动终了点 P5，插补方式选为 MOVELW 后登录。当再一次弹出振幅点登录对话框时，要单击否（选择是的话，插补方式将自动发生变化）。

所示教生成的程序见表 3-14，供读者参考。

表 3-14　直线摆动示教程序

语句行	程序语句	注释
1	Baozhiyuan3. prg	程序名称
2	1：Mech：Robot	运动机构设置
3	Begin of program	程序开始
4	TOOL = 1：TOOL01	末端工具设置
5	MOVEP P1 ，10. 00m/min	示教点 1（空走点）
6	MOVELW P2 ，3. 00m/min	示教点 2（焊接开始点、焊接点）
7	ARC - SET AMP = 120 VOLT = 19 S =0. 45	焊接规范参数，分别为焊接电流、焊接电压及焊接速度（m/min）
8	ARC - ON ArcStart1. prg RETRY = 0	焊接开始指令
9	WEAVEP P3 ，10. 00m/min T = 0. 0	示教点 3（振幅点），其中 T = 0. 0 为摆动停止时间
10	WEAVEP P4 ，10. 00m/min T = 0. 0	示教点 4（振幅点）
11	MOVELW P5 ，10. 00m/min，Ptn = 1 F = 0. 3	示教点 5（焊接结束点、空走点）其中 Ptn = 1 为摆动类型（低速单摆），F = 0. 3 为摆动频率
12	CRATER AMP = 100 VOLT = 15. 0 T =0. 5	焊接收弧规范参数
13	ARC - OFF ArcEND1. prg RETRY = 0	焊接结束指令
14	End of program	程序结束

（4）摆动类型　摆动类型共有 6 种，根据焊接作业需要进行选择，如表 3-15 所示。

表 3-15　摆动类型

摆动类型 1（低速单摆）	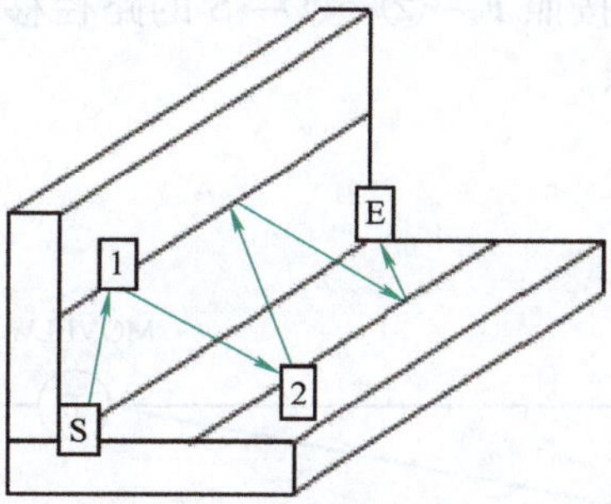	摆动类型 2（L 形）	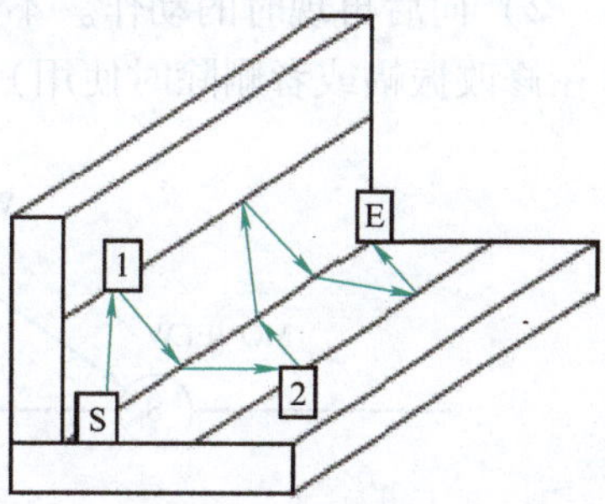
摆动类型 3（三角形）	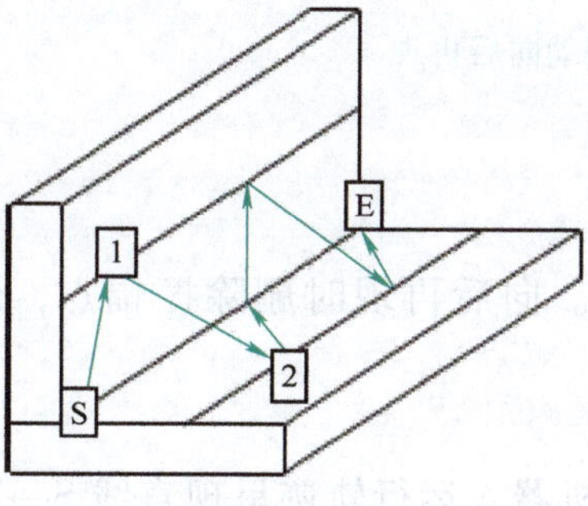	摆动类型 4（U 形）	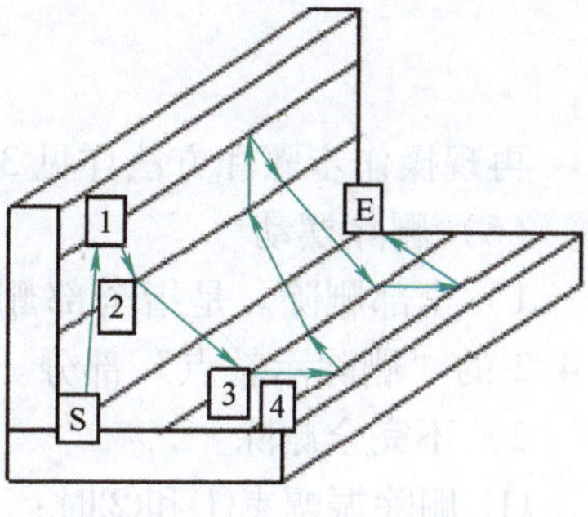

（续）

摆动类型 5 （梯形）	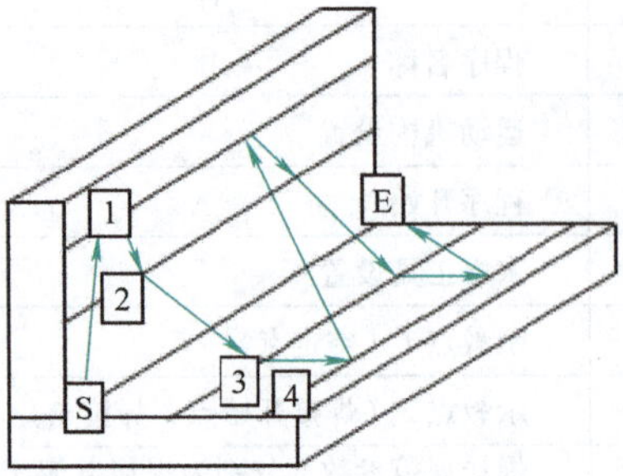	摆动类型 6 （梯形）	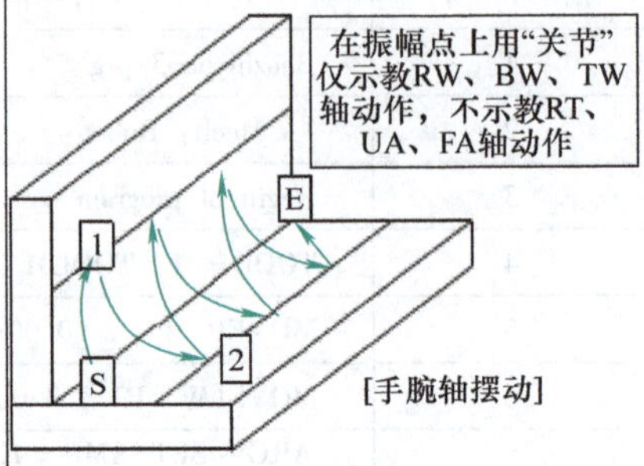

（5）再现直线摆动

1）向前再现时的动作。在区间内一边摆动一边向前再现，如图 3-45 所示。

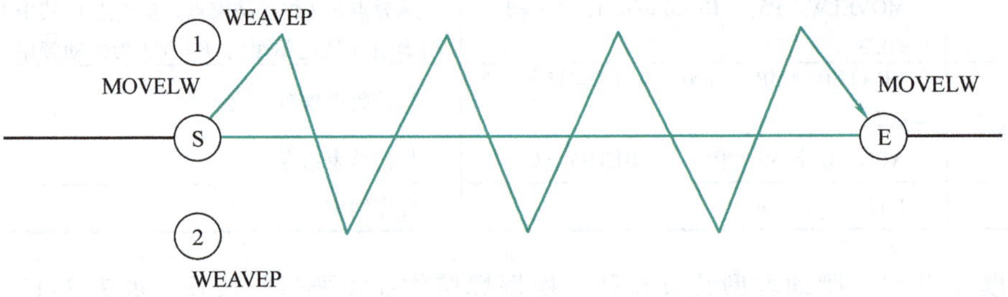

图 3-45　直线摆动向前再现

2）向后再现时的动作。不进行摆动，只是按照 E→②→①→S 的路径移动（该操作通常在修改振幅或者删除时使用），如图 3-46 所示。

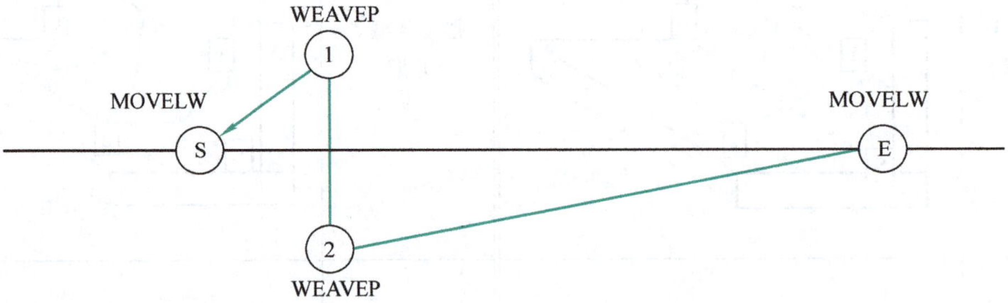

图 3-46　直线摆动向后再现

再现操作步骤和方法详见 3.3.5 部分。

（6）删除摆动

1）全部删除。是指全部删除 SE①②各点。向后再现时删除振幅点，删除方法参见 3.4.2 的“删除示教点”部分。

2）不完全删除。

① 删除振幅点①和②时：当向前再现时，机器人运行轨迹呈现直线 S→E，如图 3-47a

所示。

② 仅删除振幅点②时：当向前再现时，机器人运行路线为 S→E；当向后再现时机器人运行路线为 E→①→S。但无论向前再现还是向后再现，其轨迹均为直线不摆动，如图3-47b所示。

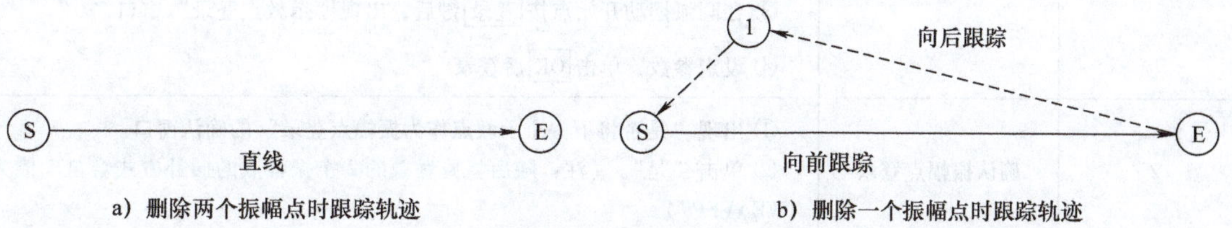

图3-47　删除摆动

（7）摆动停止时间　摆动停止时间是指机器人在振幅点上摆动方向的停止时间。在摆动停止时间段，机器人虽在摆动方向的移动停止，但仍然向主方向移动（S→E 移动，即向结束点的方向移动）。图3-48 所示为机器人运动轨迹，其中 L1 和 L2 分别为摆动停止时间 T1（振幅点 1）和 T2（振幅点 2）内，机器人向主方向移动的距离。

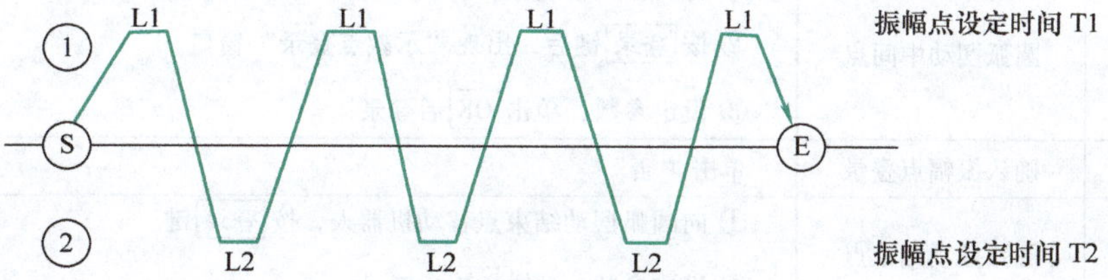

图3-48　设定摆动停止时间

2. 圆弧摆动示教

示教 3 个定义圆弧的点和 2 个定义摆动幅度的点之后，即可进行圆弧摆动，如图 3-49 所示。

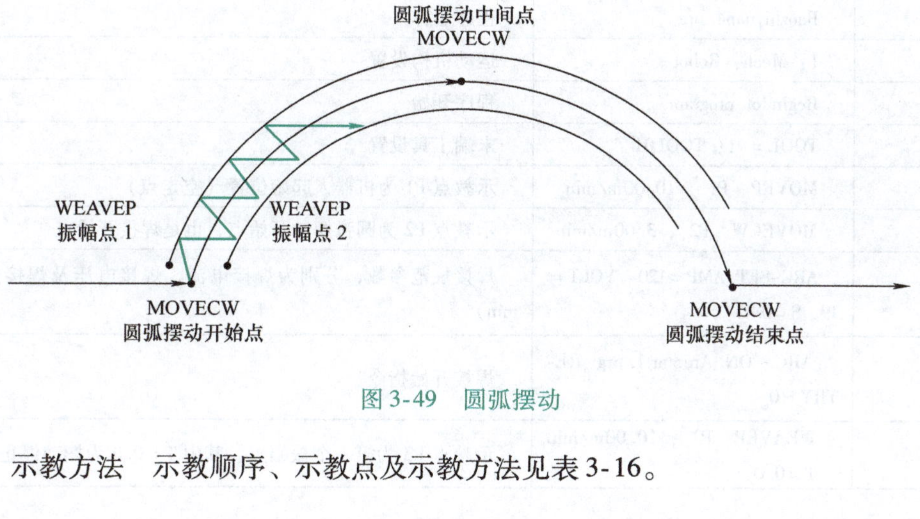

图3-49　圆弧摆动

（1）示教方法　示教顺序、示教点及示教方法见表3-16。

表 3-16　圆弧摆动示教顺序、示教点和示教方法

顺序	示教点	示教方法
1	圆弧摆动开始点	① 将插补方式设为“圆弧摆动”（MOVECW）。 ② 将编辑模式变为“追加”，即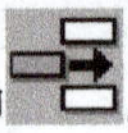。 ③ 在圆弧摆动开始点按[登录]键后，出现“示教点登录”窗口。 ④ 设定参数，单击[OK]后登录
2	确认振幅点登录	① 出现“是否将下一个示教点作为振幅点登录”的确认窗口。 ② 单击“是”。（注：随后将要登录的 2 个振幅点的插补方式会自动成为“WEAVEP”）
3	摆动振幅点 1	① 将机器人移动到指定摆幅的第一个振幅点（振幅点 1），并按[登录]键。 ② 将插补方式设为“WEAVEP”，待其他参数设定完毕后，单击[OK]或直接按[登录]键
4	确认振幅点登录	单击“是”
5	摆动振幅点 2	将机器人移动到另一个振幅点（振幅点 2），与振幅点 1 一样登录为“WEAVEP”点
6	圆弧摆动中间点	① 将机器人移到圆弧区域内的圆弧摆动中间点上。 ② 按[登录]键后，出现“示教点登录”窗口。 ③ 设定参数，单击[OK]后登录
7	确认振幅点登录	单击“否”
8	圆弧摆动结束点	① 向圆弧摆动结束点移动机器人，按[登录]键。 ② 设定参数，单击[OK]后登录
9	确认振幅点登录	单击“否”

图 3-49 所示圆弧摆动示教程序见表 3-17，供读者参考。

表 3-17　圆弧摆动示教程序

语句行	程序语句	注释
1	Baozhiyuan4. prg	程序名称
2	1：Mech：Robot	运动机构设置
3	Begin of program	程序开始
4	TOOL = 1：TOOL01	末端工具设置
5	MOVEP P1 , 10. 00m/min	示教点 P1 为机器人起始位置（空走点）
6	MOVECW P2 , 3. 00m/min	示教点 P2 为圆弧摆动开始点，也是焊接开始点
7	ARC-SET AMP = 120 VOLT = 19 S = 0. 45	焊接规范参数，分别为焊接电流、焊接电压及焊接速度（m/min）
8	ARC - ON ArcStart1. prg RETRY = 0	焊接开始指令
9	WEAVEP P3 , 10. 00m/min T = 0. 0	示教点 P3 为第一个振幅点，其中 T = 0. 0 为摆动停止时间

（续）

语句行	程序语句	注释
10	WEAVEP　P4　，10.00m/min　T=0.0	示教点 P4 为第二个振幅点
11	MOVCW P5，10.00m/min	示教点 P5 有圆弧摆动中间点（焊接点）
12	MOVECW　P6　，10.00m/min，Ptn=1　F=0.3	示教点 P6 摆动终了点，又是焊接结束点，其中 Ptn=1 为摆动类型（低速单摆），F=0.3 为摆动频率
13	CRATER AMP　=100　VOLT =15.0　T=0.5	焊接收弧规范参数
14	ARC-OFF ArcEND1.prg RE-TRY=0	焊接结束指令
15	End of program	程序结束

当用摆动插补方式没有示教完 6 个点时（由于摆动类型不同可能是 7 个点），示教点虽然用摆动的移动命令进行登录，但运行或再现时所做的却是直线插补动作。

（2）圆弧摆动类型　与直线摆动一样可以选择 6 种类型。

课堂笔记：

3.3.5　再现操作

再现是通过机器人实际再现示教所生成的示教点位置、速度、插补方式及次序指令等，即对示教点的登录位置及属性内容进行的一种确认操作。再现操作分为边示教边即时再现和打开程序再现两种。

1. 边示教边即时再现

这是在示教过程中，为了及时确认机器人示教是否妥当而进行的一种即时再现操作，如发现示教不当，可及时进行修改。具体步骤如下：

（1）在示教状态下，关闭 机器人动作 按钮（图标绿灯灭），即 ON(灯亮) ⇨ OFF(灯灭)。

（2）在程序窗口中，将光标移到程序中的目标示教点所在位置。如果从第一点开始再现，则将光标移到程序中的【**Begin of program**】行上；如果从中间点开始再现，例如从第二个点，则将光标移到程序中的【**MOVEL P2 ，10.00m/min**】行上，如图 3-50 所示。

（3）打开 机器人动作 按钮（图标绿灯亮），即 OFF(灯灭) ⇨ ON(灯亮)。

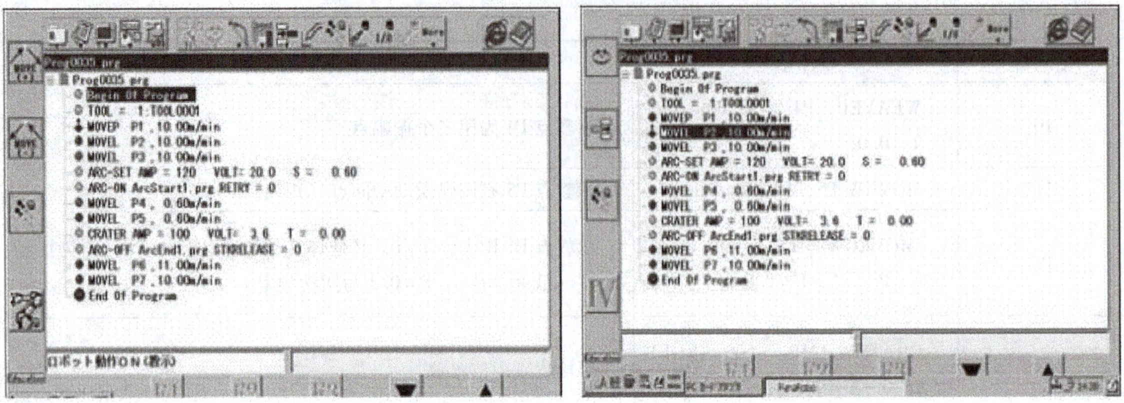

a）第一点开始跟踪　　b）第二点开始跟踪

图 3-50　再现开始点的光标位置

（4）打开[再现]（图标绿灯亮），即⇨。与此同时，动作功能键[Ⅰ]和[Ⅱ]所对应的功能也变为向前再现和向后再现功能，如表 3-18 所示。

表 3-18　再现操作功能键及作用

功能键	功能图标	功能（作用）
Ⅰ		向前再现
Ⅱ		向后再现
Ⅲ		再现的切换（绿灯亮：再现 ON；绿灯灭：再现 OFF）

（5）再现操作。向前再现是指从光标所在位置向下一个点移动机器人，操作方法为按住【向前再现】所对应的[Ⅰ]键后转动拨钮或按住【＋】键，如图 3-51a 所示。

向后再现是指从光标所在位置向前一个点移动机器人，操作方法为按住【向后再现】所对应的[Ⅱ]键后转动拨钮或按住【－】键，如图 3-51b 所示。

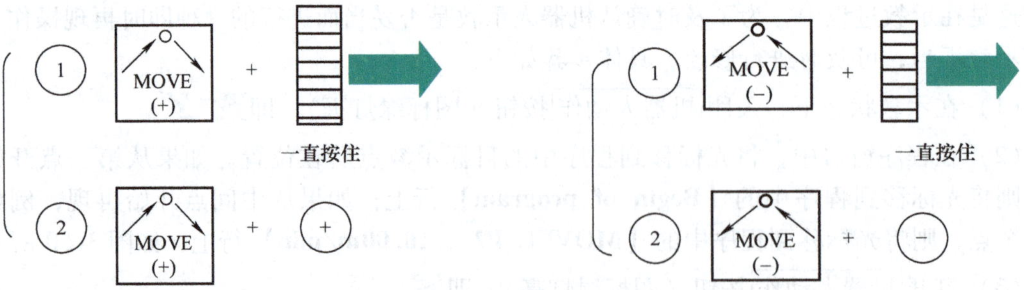

a) 向前再现　　b) 向后再现

图 3-51　再现操作示意图

在再现操作所显示的画面中，当再现未到达和到达某示教点时分别显示为未到和到达。

2. 打开程序再现

打开曾在示教器上创建或编写的示教文件后进行再现操作，其操作步骤如下：

（1）将模式切换开关打到[TEACH]上。

（2）单击[文件]菜单。

（3）选择[文件]菜单中的[打开]。

（4）打开[程序]或[最近使用过的文件]，如图 3-52 所示。

（5）选择文件。通过拨钮将光标移动到要再现的程序文件，如图 3-53 所示。然后【OK + 侧击拨钮】或者直接按[登录]键，打开目标程序。

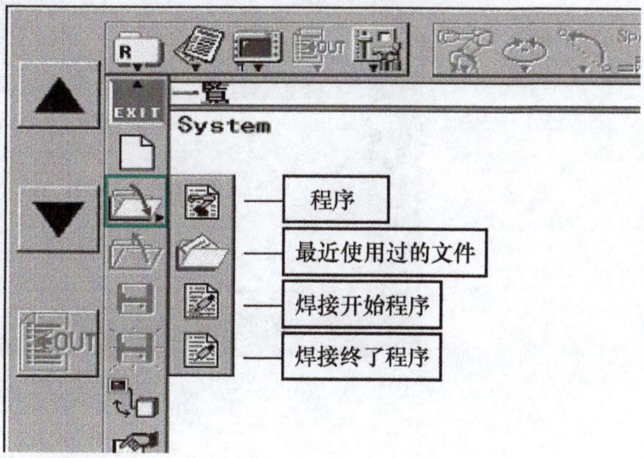

图 3-52　文件打开窗口

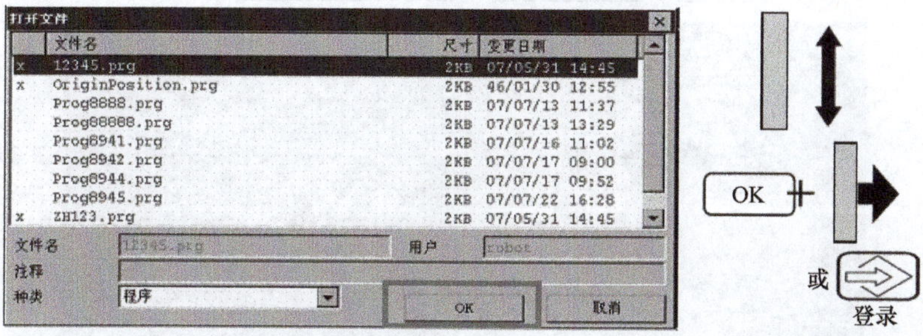

a）程序选择窗口　　b）选择程序操作

图 3-53　程序选择窗口及其操作

（6）重复前面“1. 边示教边即时再现”中的（3）~（5）项操作。

课堂笔记：

3.3.6　显示

1. 显示位置

显示机器人控制点（XYZ）的位置、各关节的角度及编码脉冲数。显示方法为[菜单]→[显示]→[切换显示]→[XYZ]。

［X，Y，Z］表示机器人坐标基准的机器人控制点位置。

［U，V，W］表示工具姿势，如图 3-54 所示。其中 U：保持 V 的角度不变，围绕与 Z 轴（包括控制点）相平行的轴转动的角度；V：与垂直面的倾斜角度；W：工具方向固定不

变，手腕的扭转角度。

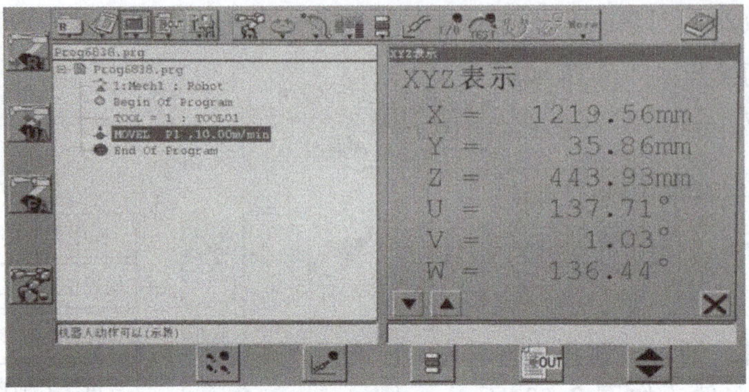

图 3-54　XYZ 位置表示窗口

［RT，UA，FA，RW，BW，TW］表示机器人的关节，其角度和脉冲数如图 3-55 和图 3-56 所示。显示方法为：视图→切换显示→AGL 角度表示（或 PLS 脉冲表示）。

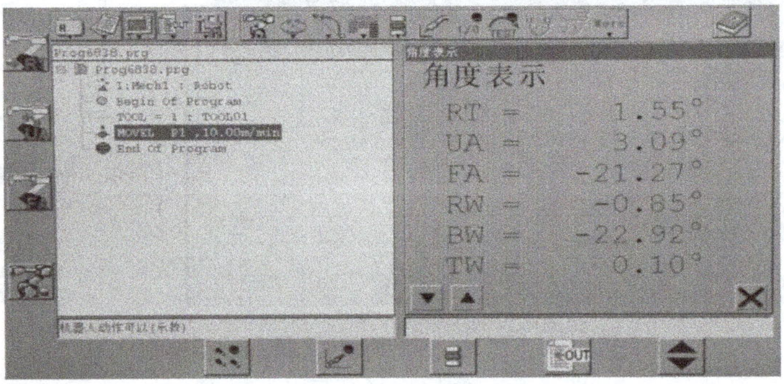

图 3-55　角度显示窗口

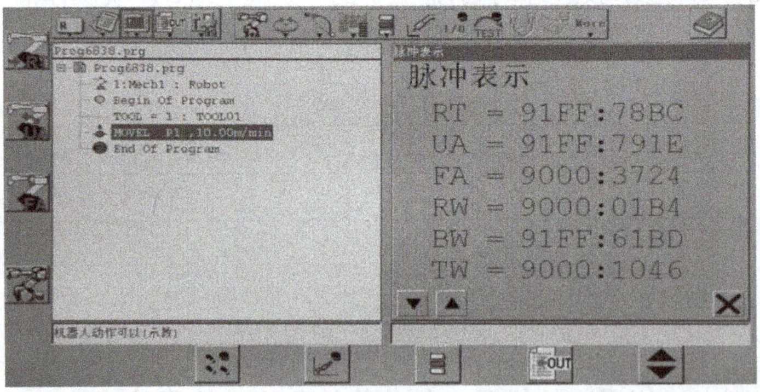

图 3-56　脉冲数显示窗口

2. 显示焊枪角度

在界面中显示正对着焊缝的焊枪角度。此功能只有在启用 WG、GX、GXP 控制器时才可使用。显示方法为：菜单→显示→切换显示→显示位置→焊枪。

课堂笔记：

3.4　编辑操作

3.4.1　基本编辑功能

【重要提示】进行此操作时，必须先将机器人移动按钮关闭，否则光标在程序窗口中不能移动，即ON(灯亮)⇨OFF(灯灭)。

1. 剪切

剪切是指从程序中剪切所选语句行，将其移到系统剪贴板的操作。剪贴板是移动或复制字符串时，临时存放字符串的地方。如要把剪切的字符串粘贴到别处或文件中，执行粘贴即可。执行剪切后，则之前在剪贴板中保存的内容就会消失。具体剪切操作步骤如下：

（1）将光标移到开始剪切的语句行上。

（2）从窗口编辑菜单中选择剪切图标（或按用户功能键所对应的剪切图标），即⇨。

（3）通过拨动按钮选择要剪切的范围（反显），并侧击拨钮确定，如图3-57所示。

（4）在确认窗口中单击OK，如选择“继续选择”，则返回到选择范围窗口，如图3-58所示。

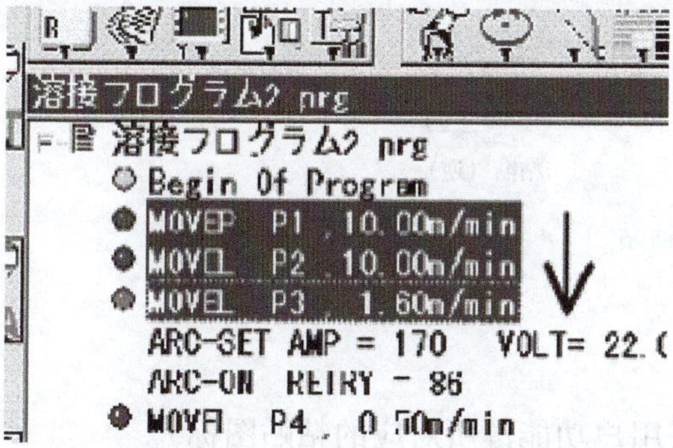

图3-57　选择剪切范围

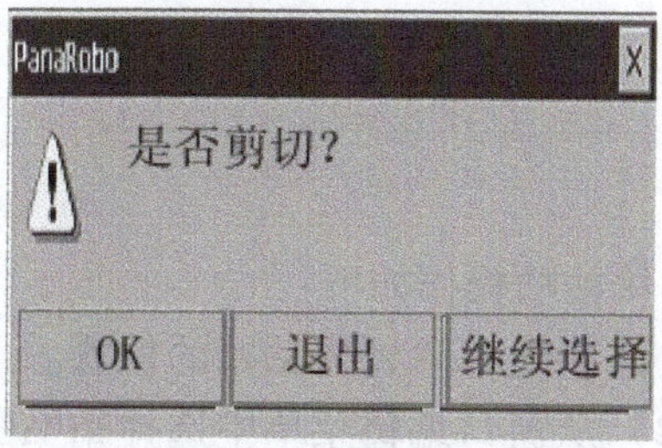

图3-58　剪切确认窗口

2. 复制

复制是指将所选的语句行复制到剪贴板中的操作。具体复制操作如下：

（1）将光标移到开始复制的语句行上。

（2）从窗口编辑菜单中选择复制图标（或按用户功能键所对应的复制图标），即⇨。

（3）通过拨动按钮选择要复制的范围（反显），并侧击拨钮确定，如图3-59所示。

（4）在确认窗口中单击OK，如选择“继续选择”，则返回到选择范围窗口，如图3-60所示。

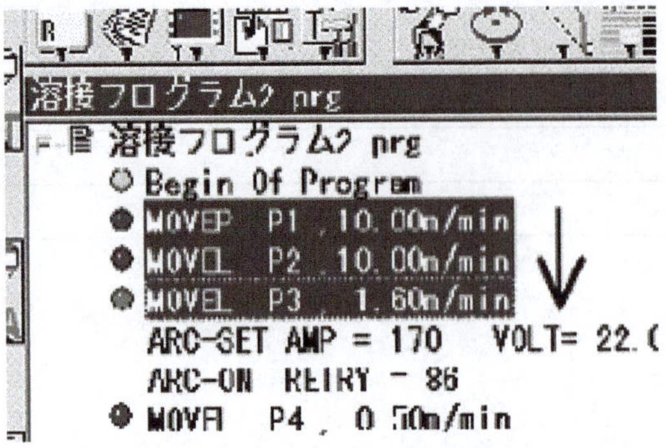

图 3-59 选择复制范围

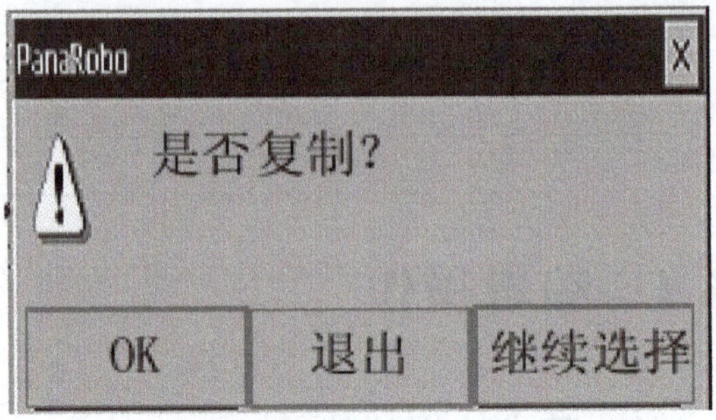

图 3-60 复制确认窗口

如要把复制的字符串粘贴到别处或文件中，执行粘贴即可。执行复制后，则之前在剪贴板中保存的内容将消失。

3. 粘贴

粘贴是指将剪切、复制到剪贴板中的内容粘贴到指定位置。粘贴分为顺粘贴和逆粘贴两种，见图 3-61。顺粘贴是将剪贴板中的内容按原来顺序粘贴，通常用于常规编辑操作；逆粘贴是将剪贴板中的内容按反方向粘贴，主要用于示教往返的动作时较为方便，因为只需要示教去程后，将去程复制，再逆粘贴便完成返程。粘贴次数不限，可重复执行。

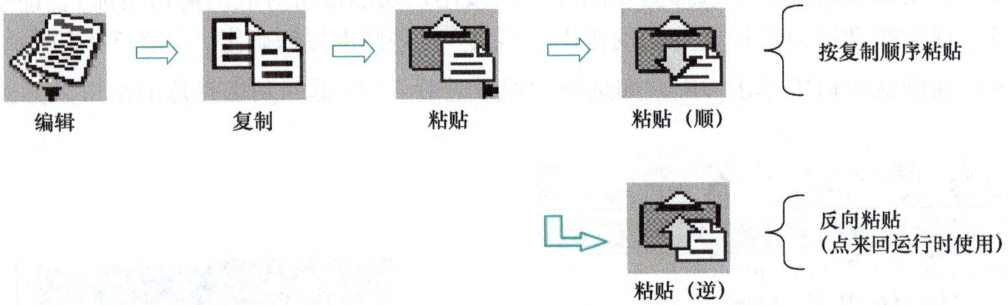

图 3-61 粘贴

具体粘贴操作如下：

（1）将光标移到要粘贴的位置。

（2）从窗口编辑菜单中选择粘贴图标（或按用户功能键所对应的粘贴图标）。

（3）侧击拨钮确定，将之前复制或剪切的内容粘贴到程序中的指定位置。

课堂笔记：

3.4.2 编辑程序

1. 编辑示教点

在再现过程中，可对示教点进行追加、更改和删除等编辑操作，如表 3-19 所示。

【重要提示】进行此操作时，机器人移动按钮必须处于开启状态，即 ⇨ 。

表3-19　示教点的追加、更改及删除图标

图标	名称	作用
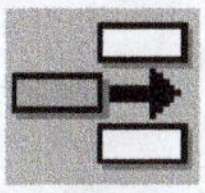	追加	追加示教点或追加次序指令时使用
	更改	更改示教点（位置、速度、焊接）或次序指令时使用
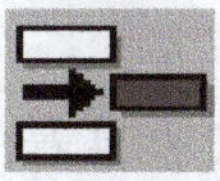	删除	删除示教点或次序指令时使用

（1）追加示教点

1）以再现机器人方式到达要追加的示教点附近，确认机器人到达目标位置。

2）手动移动机器人到达要追加的点。

3）登录追加的示教点。

追加示教点时应确认以下事项：

① 确认是否在修改状态，即用户功能键F3的图标是否在显示状态。

② 确认示教点的速度、焊接点、空走点、插补方式。

4）确认窗口内容准确无误后，单击OK或者按登录键。

（2）更改示教点

1）以再现机器人方式到达要更改的示教点，确认机器人到达目标示教点，图标⇦为到达后的窗口显示。

2）通过用户功能键F3，将示教点的追加状态改为更改状态。

3）更改示教点位置。当移动量较大时，则侧压旋转拨钮或按 +/- 键移动机器人；当移动量较小时，使用拨钮点动机器人。

4）登录示教点，弹出“变更”窗口，如图3-62所示。

5）设置插补方式、示教速度、位置名（即示教点名称）等。

6）确认窗口内容准确无误后，单击OK或者按登录键。

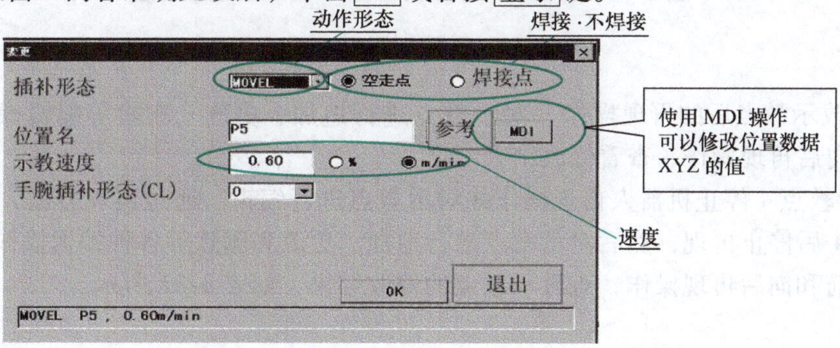

图3-62　示教点“变更”窗口

(3) 删除示教点

1) 以再现机器人方式到达要删除的示教点。

2) 确认机器人是否到达要删除的示教点。

3) 确认是否在删除状态，即是否在显示状态。

4) [登录]示教点。

5) 当弹出删除询问窗口时，单击[是]或者直接按[登录]键，即可完成删除操作。

当各项修改操作结束后，要进行再现操作，确认运行效果，并及时保存程序。保存程序方式分为覆盖保存和另存两种。

2. 修改结果的再现操作

(1) 机器人位置与图标　在再现过程中，通过程序窗口上的特定图标，很容易看出机器人工具（焊枪的焊丝前端）处在示教点，还是在示教途中，见表 3-20。

表 3-20　机器人位置及图标

图标	机器人工具位置	图标	机器人工具位置
	在示教点上		在示教路径上
	示教点之外		示教路径之外

如图 3-63 所示，焊枪的焊丝前端在示教点 P1 上。

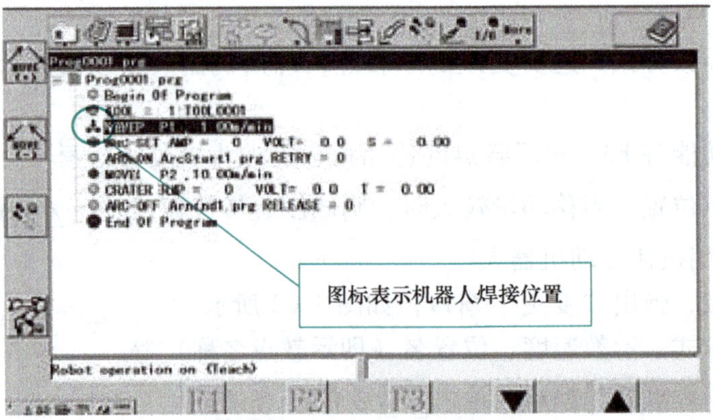

图 3-63　机器人焊枪位置

(2) 修改示教点后的再现操作　对示教点进行追加、更改、删除等编辑操作后，再次进行向前和向后再现操作，查看修改结果。

1) 在示教点 4 停止机器人再现操作并对示教点进行编辑。通过再现方法，使机器人运行到示教点 4 后停止再现，然后对示教点进行追加、更改和删除等各种编辑操作。编辑完成后再进行向前和向后再现操作，查看示教点的修改结果，如表 3-21 所示。

表 3-21　再现机器人运行轨迹（1）

	编辑	向前再现时机器人运行轨迹	向后再现时机器人运行轨迹
初始状态	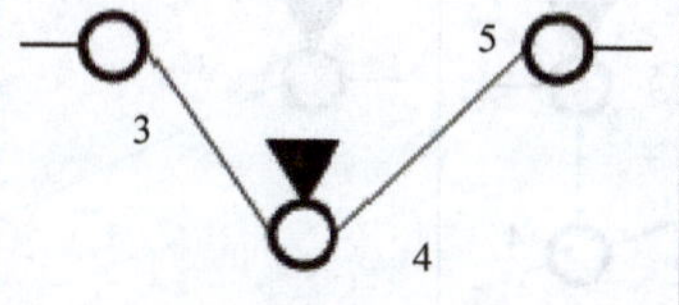	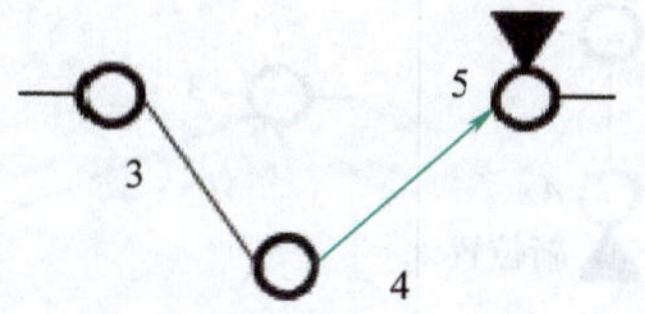	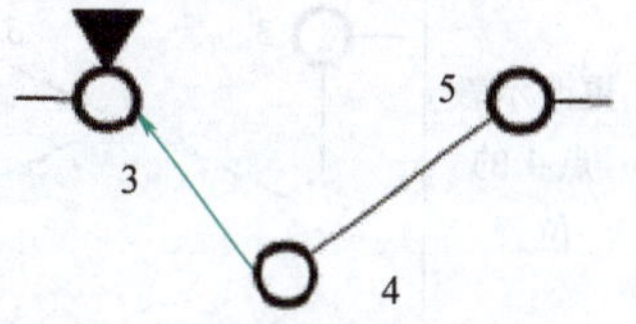
追加示教点 6	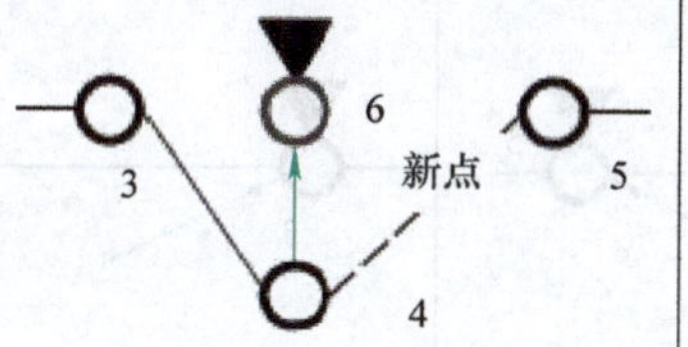	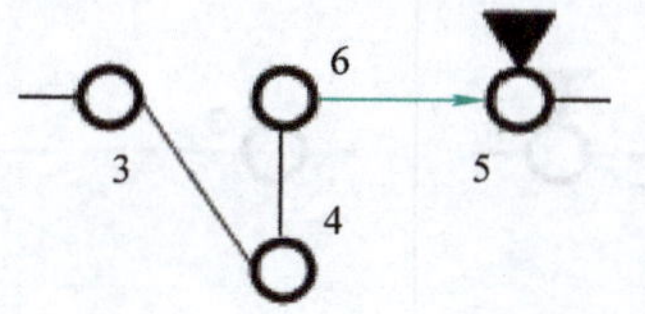	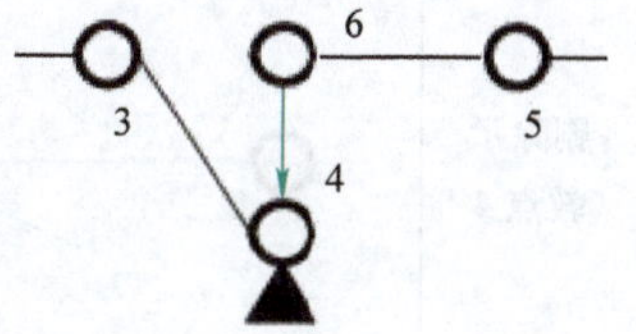
更改示教点 4 的位置	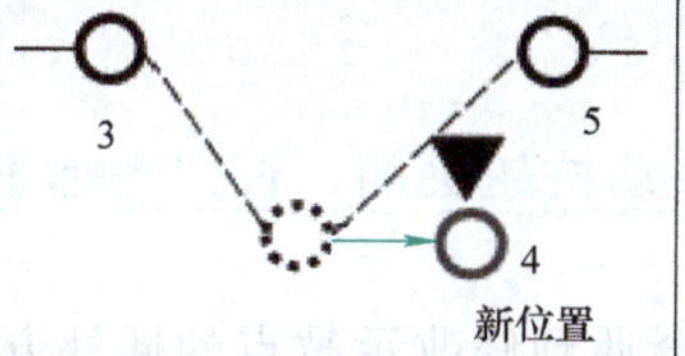	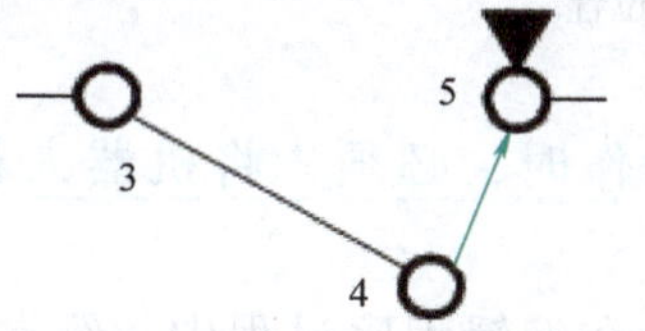	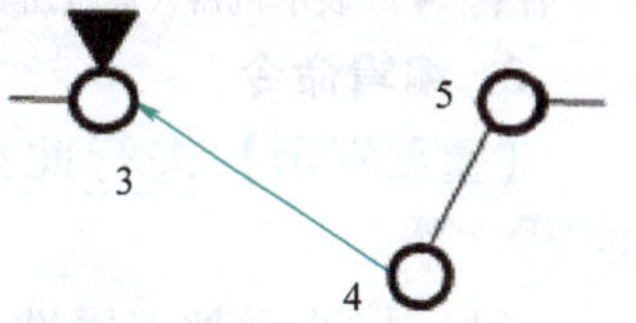
删除示教点 4	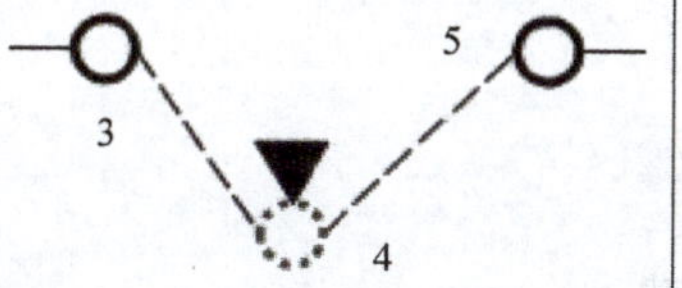	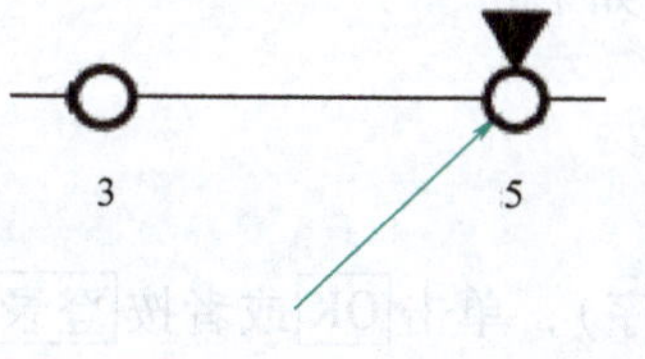	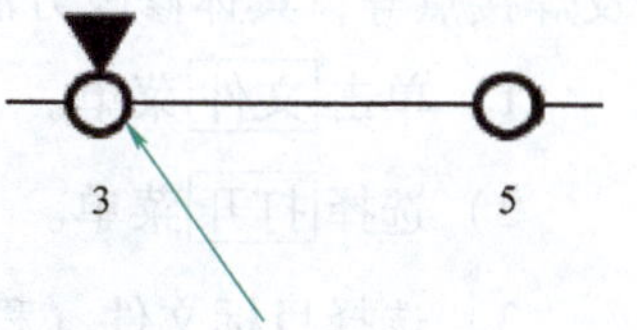

注：“▼”表示机器人焊枪所在位置。

2）在示教点 4 和 5 之间停止机器人再现操作并对示教点进行编辑。通过再现方法，使机器人运行到示教点 4 和 5 之间时，对示教点进行追加、更改和删除等各种编辑操作。编辑完成后再进行向前和向后再现操作，查看示教点的修改效果，如表 3-22 所示。

表 3-22　再现机器人运行轨迹（2）

	编辑	向前再现时机器人运行轨迹	向后再现时机器人运行轨迹
初始状态	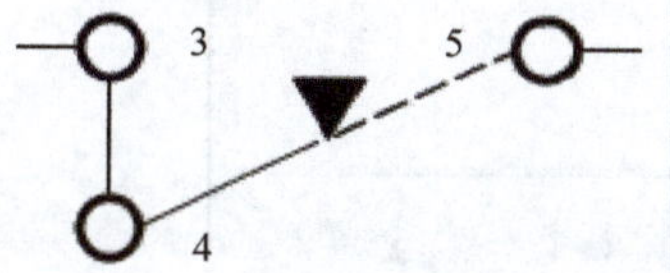	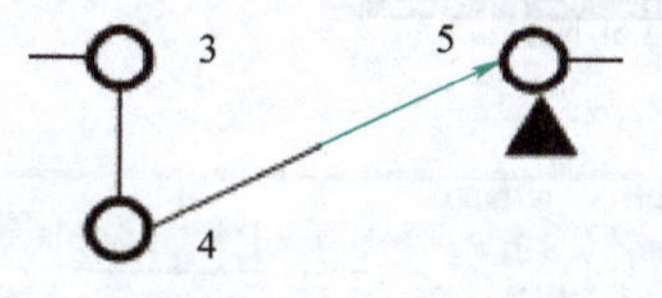	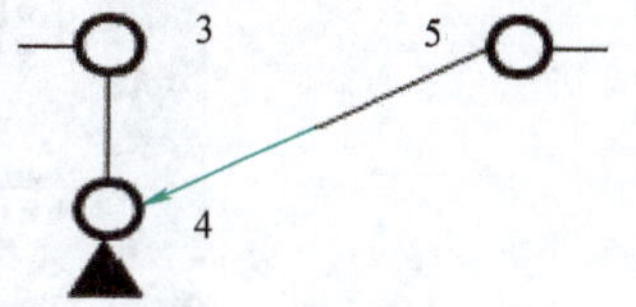
追加示教点 6	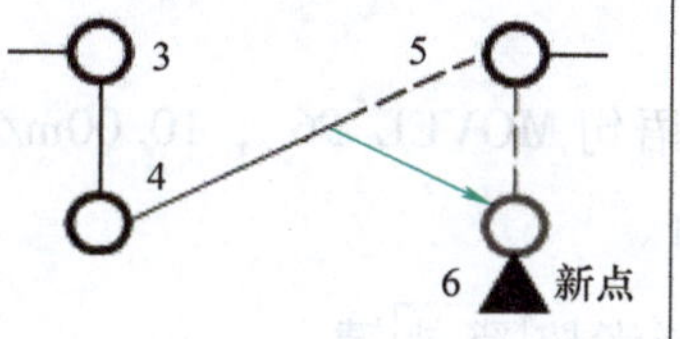	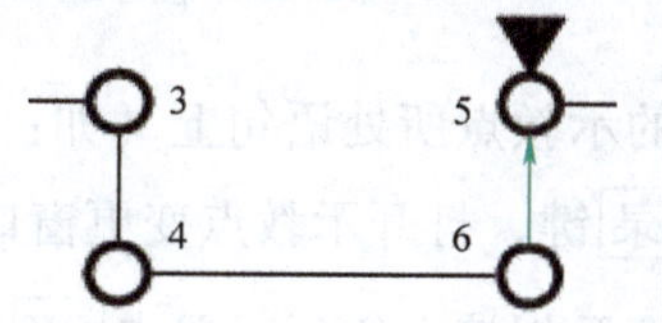	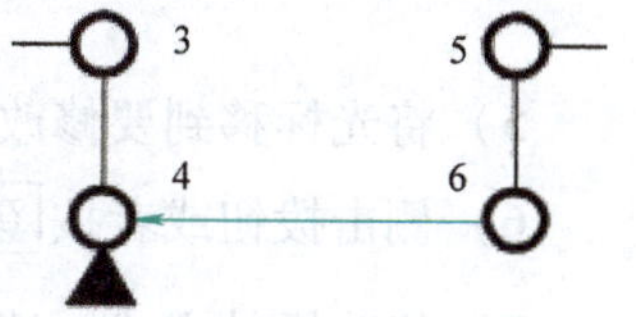

（续）

编辑		向前再现时机器人运行轨迹	向后再现时机器人运行轨迹
更改示教点4的位置	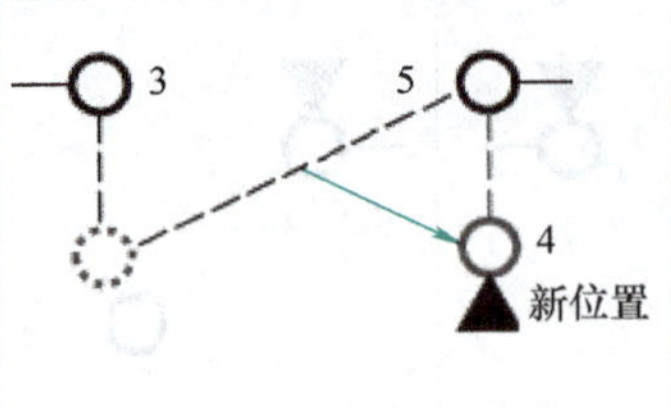	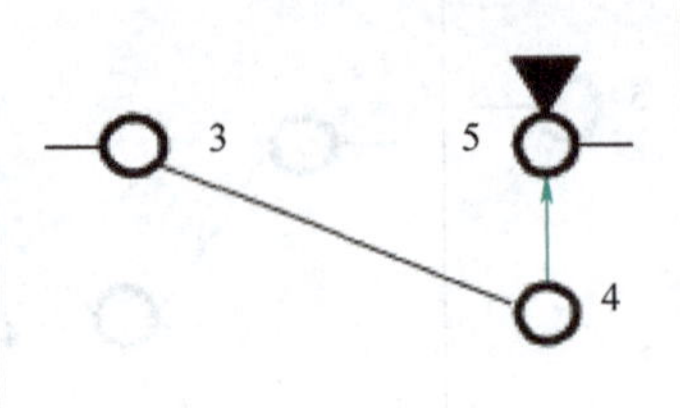	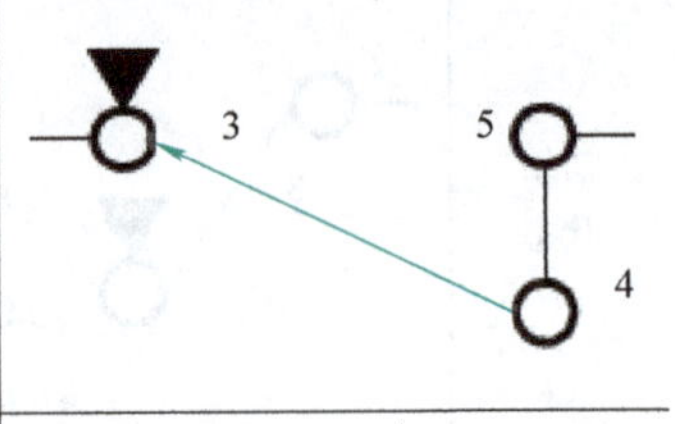
删除示教点4	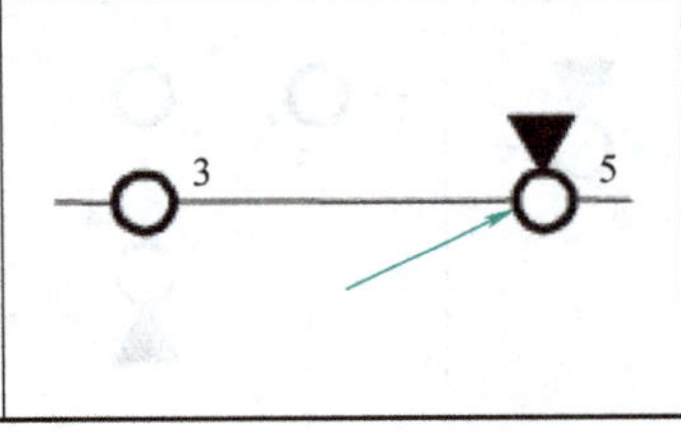	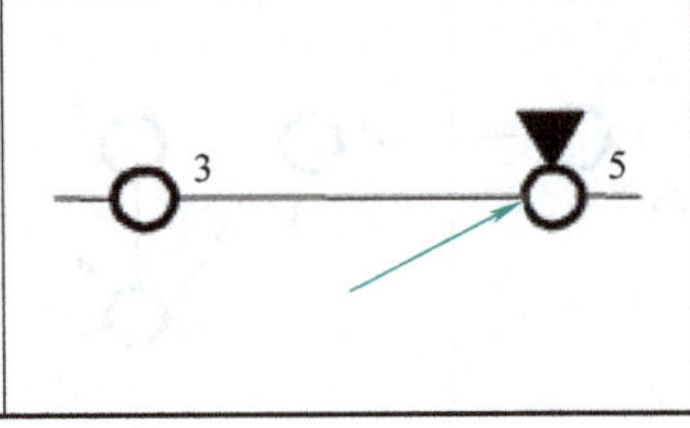	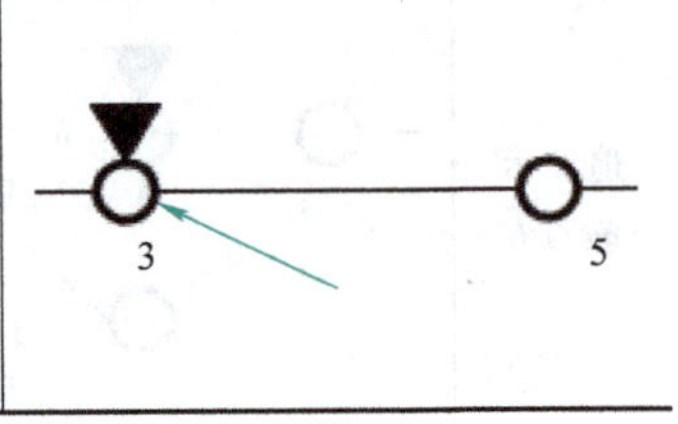

注：“▼”表示机器人焊枪所在位置。

3. 编辑命令

【重要提示】进行此操作时，必须先将机器人移动按钮关闭，否则光标不能移动，即⇨。

（1）修改示教点属性　在编辑程序过程中，经常会遇到修改示教点的插补方式、速度及焊接点等，具体修改方法如下：

1）单击文件菜单。

2）选择打开菜单。

3）选择目标文件（程序），单击OK或者按登录键。

4）显示程序内容，如图3-64所示。

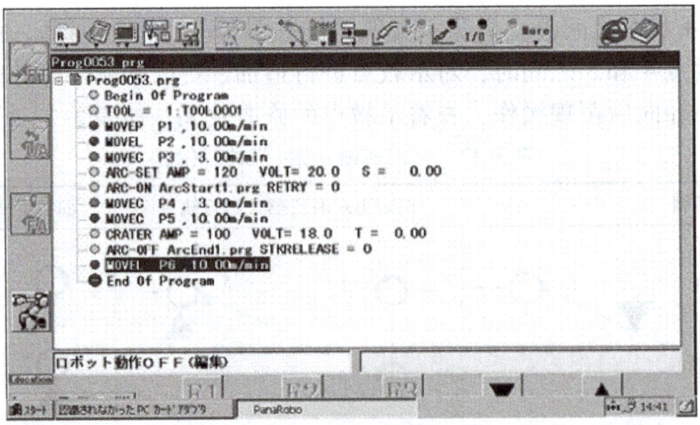

图3-64　程序窗口

5）将光标移到要修改的示教点所处语句上（如：语句 MOVEL P6 ，10.00m/min）。

6）侧击拨钮或者按登录键，打开示教点变更窗口。

7）修改插补方式、速度及焊接点等后，单击OK或者按登录键。

（2）修改焊接规范

1）将光标移到要修改的语句上，如图3-65所示。

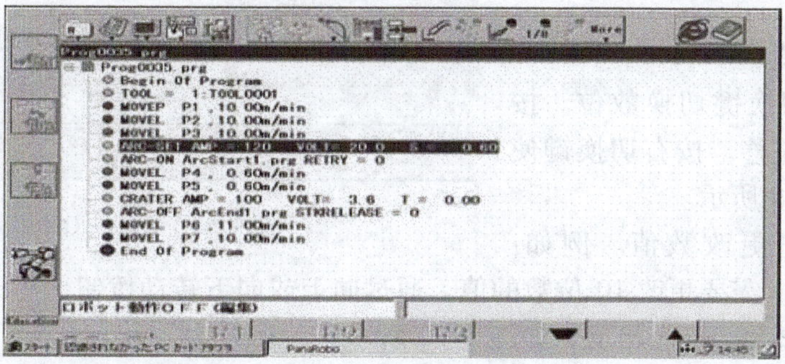

图3-65　程序窗口

2）侧击拨钮或者按登录键。

3）将光标移到要修改的位置上，如图3-66所示。

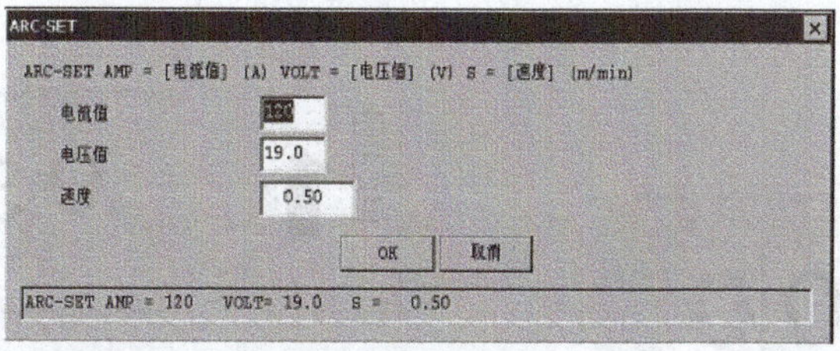

图3-66　焊接规范修改窗口

4）修改数值后，单击OK或者按登录键。

（3）修改焊接开始次序指令

1）将光标移到要修改的语句上，图3-67所示。

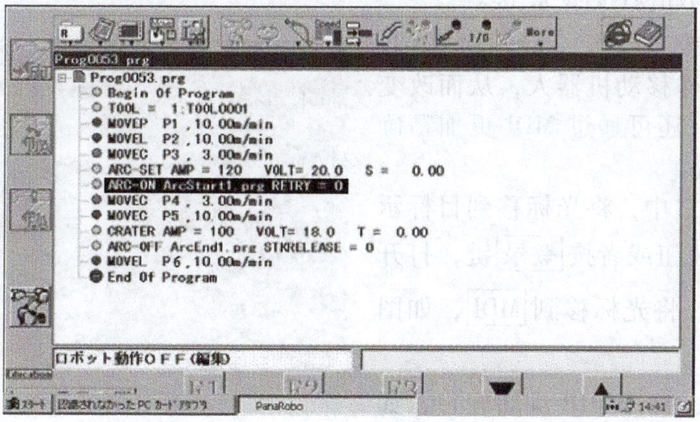

图3-67　程序窗口

2）修改文件名，如图3-68所示。直接输入文件名或者从列表中选择。

3）修改后，单击OK或者按登录键。

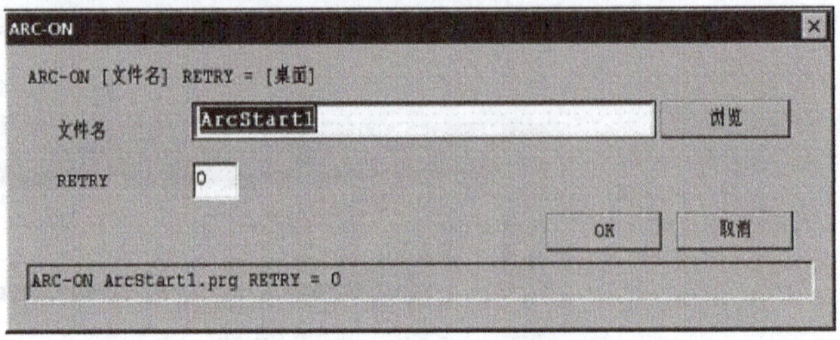

图3-68　ARC－ON界面

（4）修改数值

1）用左右切换键切换数位。按左切换键使光标左移，按右切换键使光标右移，图3-69所示。

2）转动拨钮更改数值。例如：要显示020.00时，需要更改10位数的值。通过向上或向下转动拨钮，更改数值大小，向上转动拨钮时数值增大，反之相反，如图3-70所示。

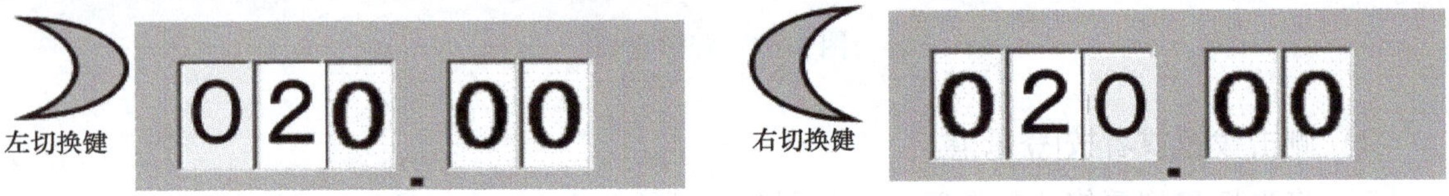

a) 左切换键切换数位　　b) 右切换键切换数位

图3-69　左右切换键切换数位

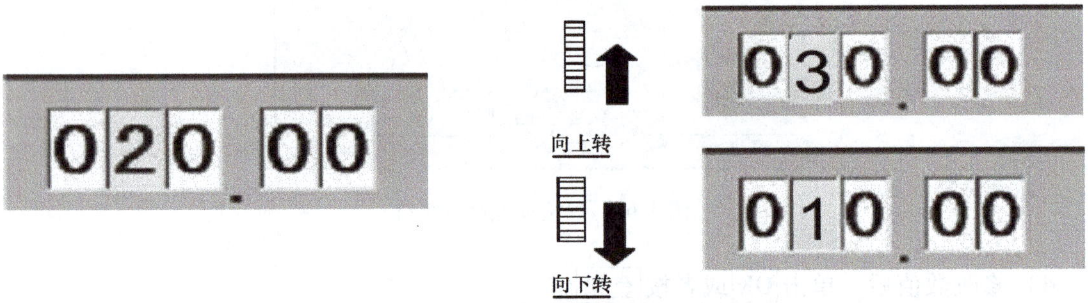

图3-70　转动拨钮更改数值

3）完成更改数值后按登录键。

（5）修改示教点位置　除通过拨钮、+/—键、点动动作移动机器人，从而改变示教点位置以外，还可通过MDI更加精确修改示教点的位置。

1）在程序窗口中，将光标移到目标示教点语句后侧击拨钮或者按登录键，打开示教点变更窗口，将光标移到MDI，如图3-71所示。

2）单击OK，打开MDI编辑窗口，如图3-72所示。

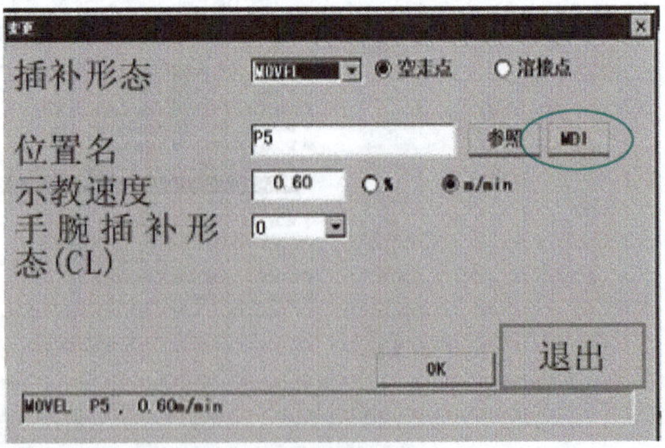

图3-71　示教点变更窗口

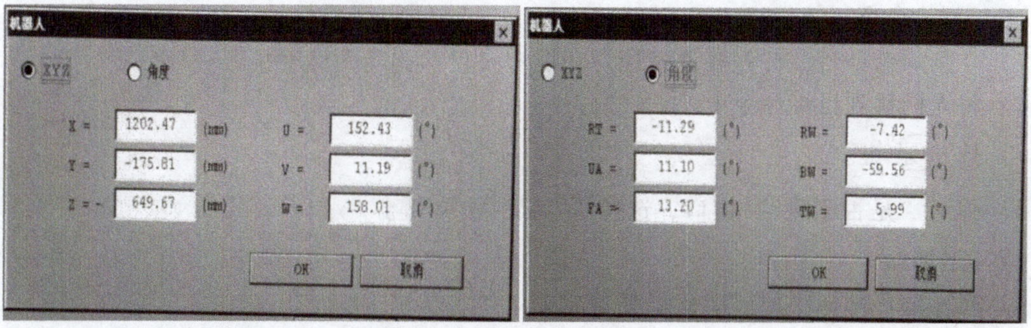

图 3-72　机器人 MDI 编辑窗口

3）选择所要修改的示教点位置进行修改后单击OK。

【例 3-1】　将机器人焊枪向前移动 0.2mm 距离。

图 3-73 为示教点初始坐标值，XYZ 坐标分别表示机器人前后、左右及上下位置。要将机器人焊枪向前移动 0.2mm，则需调整 X 坐标值，如 X +0256.36 修改为 X +0256.56，如图 3-74 所示。具体修改数值方法如上所述。

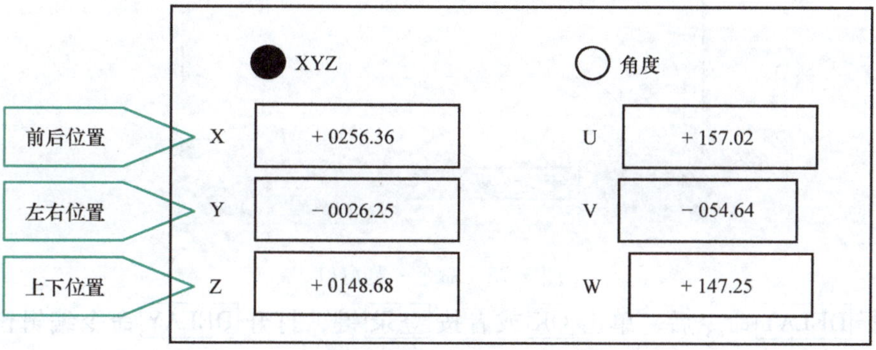

图 3-73　示教点坐标

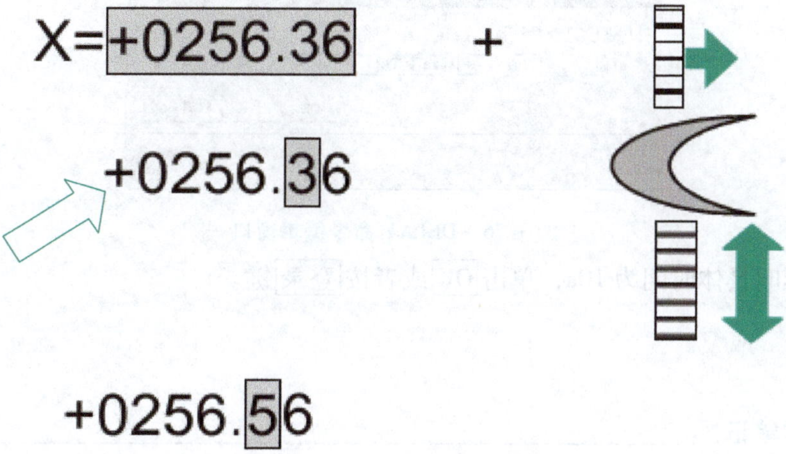

图 3-74　坐标值修改

(6) 删除命令

1) 在删除命令时，首先要通过用户功能键来显示删除图标。

2) 将光标移到目标命令上。

3) 按登录键。

4) 弹出“是否删除?”窗口，选择是或者登录键。

(7) 追加命令

1) 将光标移到程序窗口中要追加的点上。

2) 按窗口切换键。

3) 从窗口菜单图标中选择追加命令，也可以从动作功能键或用户功能键中选择。

【例 3-2】 延时 DELAY 10.00s

① 选择过程控制，如图 3-75 所示。

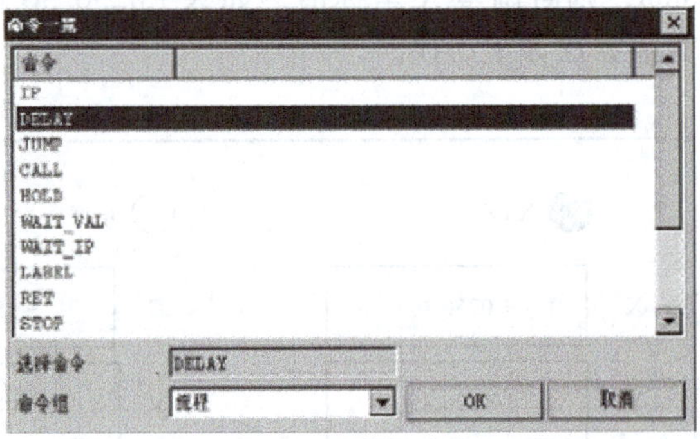

图 3-75 命令一览窗口

② 选择DELAY命令后，单击OK或者按登录键，打开DELAY命令编辑窗口，如图3-76所示。

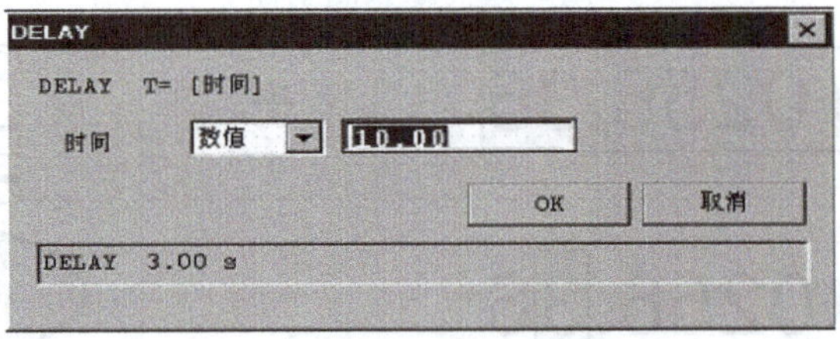

图 3-76 DELAY 命令编辑窗口

③ 设定延时具体时间为 10s，单击OK或者按登录键。

课堂笔记：

3.4.3　编辑文件

1. 文件保护

文件的保护级别有3个，即禁止编辑、只能修改位置数据及解除保护。文件保护设定有从菜单设定和从属性窗口设定两种。

以菜单设定为例，保护文件的菜单操作顺序为[文件]→[属性]→[保护]，在被打开的窗口中选择所要保护的文件，并按NXST（F3）键，选择保护级别。对文件进行保护操作后，在文件名前添加相应级别的标记，见表3-23。

表3-23　文件保护级别及其标记

序号	保护级别	释义	标记
1	禁止编辑	无法编辑	×
2	只能修改位置数据	只能更改示教点的位置，无法更改命令的构成	+
3	解除保护	接触保护，重新可以编辑	（空白）

2. 文件删除

对一个已保存的文件进行删除操作。操作步骤如下：

（1）在[文件]菜单上，点击[删除]。

（2）单击[切换]键，将光标移到[文件一览]窗口中，选中要删除的文件，使被选中的文件名前出现“*”标记（一次性删除多个文件时重复此操作）。

（3）按[NXST]（F3）后，只显示要删除对象的文件。

（4）按[确定]键后文件即被删除。

【重要提示】已删除的文件无法恢复。

3. 文件的排序

对已保存的多个文件可进行重新排序操作，以便进行文件查找等操作。具体操作步骤如下：

（1）单击菜单图标中的[文件]R图标，在打开的下拉菜单中选择[程序]，打开程序窗口。

（2）单击排序图标，即完成→操作，打开排序窗口。

（3）在排序窗口中，选择排序类型。排序类型见表3-24。

表3-24　文件排序类型

序号	文件排序类型	
1	文件名	A→Z
		Z→A
2	保存时间	新→旧
		旧→新
3	文件大小	小→大
		大→小

（4）按确定键后文件即被重新排序。

课堂笔记：

3.5 启动操作

3.5.1 启动方式

启动是指将模式开关打到运行（Auto）一侧，执行在示教（Teach）模式下做好的程序，开始焊接工件的操作。启动方式分为手动启动和自动启动两种，在生产过程中通常采用自动启动的方式。要采用哪种启动方式必须预先进行设定。

手动启动：在窗口中打开文件后，通过示教器的启动按钮启动程序的方式，且使其只运行一次，每次都需要选择文件，是一种试运行方式。

自动启动：在连续生产运行中采用。自动启动方式有编号指定方式和主程序方式（用外部启动盒启动预先设定好的程序的方式）两种。当采用自动启动时，必须预先在外部启动盒上编辑好启动程序。其操作步骤如下：

（1）生成启动外部启动盒的程序。

（2）将模式切换开关打到Auto上。

（3）设定外部启动盒内的程序编号。

（4）打开伺服电源。

（5）打开外部启动盒内的选择开关。

（6）按下外部启动盒内的启动按钮。

（7）按下启动开关。

【安全警示】：

◆ 运行（Auto）模式时请在安全防护护栏的外侧进行操作。
◆ 请确认安全防护护栏内无人。
◆ 紧急停止开关应处于有效状态，当觉察到危险情况时，请立即按下紧急停止开关。

3.5.2 手动启动

1. 手动启动步骤

（1）单击文件。

（2）单击文件菜单的打开。

（3）从程序或者最近使用过的文件中选择程序。

（4）选择程序文件。

（5）打开要启动的目标程序。

（6）退到安全防护栏外侧，在防护栏入口处上锁。

（7）将模式切换开关打到Auto上（已连接了操作盒的，请将操作盒的 Auto 开关打开，即切换到运行模式）。

（8）打开伺服电源。

（9）按下启动开关，机器人即开始再现动作。

2. 暂停与重启

【安全警示】：

◆ 机器人在暂停时有突然动起来的可能性，因此请勿进入安全防护栏内。

◆ 重启前请确认在机器人运行范围内没有其他人员和干涉物品。

如按下暂停开关，机器人将在伺服电源打开的状态下停止运行，将模式开关打到“Teach”侧，即可使机器人手臂运行起来。将模式开关打到“Auto”，再按重启开关即重启。

3. 紧急停止与重启

【安全警示】：

◆ 当预见到危险情况或者觉察到有异常情况发生时，请立即紧急停止。

◆ 请在重启前确认在机器人运行范围内没有其他人员和干涉物品。

按下紧急停止开关后机器人立即紧急停机。紧急停止原因排除后，再按下“伺服 ON”、启动开关重启。建议在重启前先将模式切换开关打到示教（Teach）模式，确认重启位置。

4. 在运行过程中进行修正

（1）在目标点附近暂停机器人。

（2）将模式切换开关打到示教Teach模式下。

（3）选择画面切换。

（4）在文件窗口中将光标移到目标点上。

（5）向后再现（注意干涉）。

（6）确认目标点，即。

（7）关闭再现。

（8）进行修改。

以直角坐标系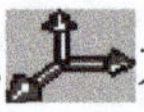为例，如图3-77所示。

（9）按下[登录]键。

（10）确认画面显示的内容后登录。

（11）再现机器人到重启点（光标在停止的点上显示为淡蓝色）。

（12）将模式切换开关打到[Auto]上。

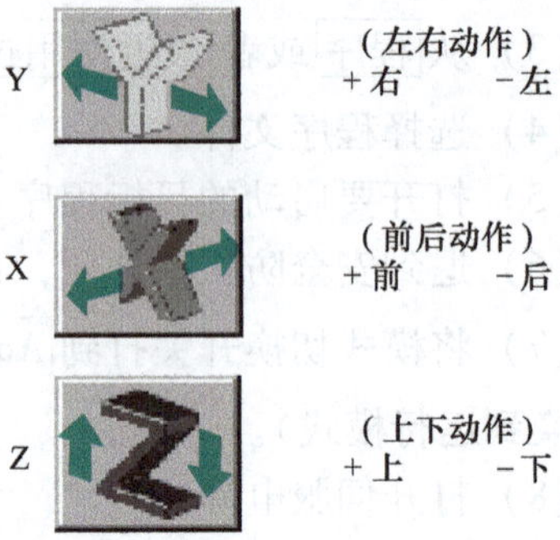

图3-77　直角动作

【重要提示】启动位置将有可能和停止的位置不同，敬请注意！

（13）启动。

【重要提示】启动前注意干涉！

5. 点动送丝、检气

机器人焊接之前需要检查送丝和保护气体的供给情况。在按下电弧锁定开关时，动作功能键分别对应显示向前送丝、向后退丝、气阀ON、气阀OFF功能，见表3-25。

表3-25　送丝、检气功能键与其作用

电弧锁定开关	动作功能键	作用
图标ON 	[Ⅰ]	 向前送丝
	[Ⅱ]	 向后退丝
	[Ⅲ]	 气阀ON
	[Ⅳ]	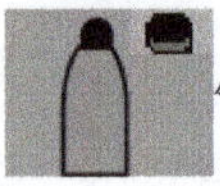 气阀OFF

6. 运行限制

运行限制是指限制运行速度或将机器人部分功能停止后的运行。如：执行“电弧锁定”，则运行中将不焊接。

在运行限制中，可设定内容有I/O锁定、电弧锁定、机器人锁定。

（1）最高运行速度：限制运行的最高速度。

（2）I/O锁定：不执行输入输出相关的次序命令。

（3）电弧锁定：不执行焊接相关命令。

（4）机器人锁定：机器人不运行。

以电弧锁定为例。

（1）在运行“Auto”模式下，菜单中，选择限制内容图标后弹出限制内容设定窗口，如图 3-78 所示。

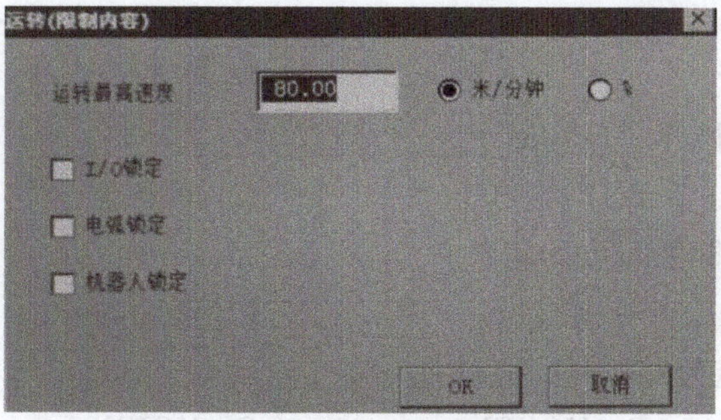

图 3-78　限制内容设定窗口

（2）在运行“Auto”模式下，设定用户功能键中的电弧锁定按钮，如：

电弧锁定开关打开时，在焊接区间内不焊接。

电弧锁定开关关闭时，在焊接区间内焊接。

课堂笔记：____

____

____

____

【综合练习】

一、选择题

1. TA－1400 型弧焊机器人属于________型机器人。

A. 直角坐标　　B. 圆柱坐标　　C. 极坐标　　D. 关节

2. 机器人的所有在线操作基本上均要通过________来完成。

A. 焊接电源　　B. 示教器　　C. 轴关节　　D. 传感器

3. 按下________开关后机器人立即停止，且伺服电源关闭。

A. 紧急停止　　B. 暂停　　C. 启动　　D. 模式切换

4. 在 ID 窗口输入字母或数字时，遇到输入有误情况时，通过________选项将输入的内容删除。

A. AS　　B. CS　　C. FS　　D. BS

5. 当发现更改有误时，单击________键，即可返回上一个画面。

A. 取消 B. 确认 C. 拨钮 D. 登录

6. 机器人边移动边记忆的动作称为________。

A. 再现 B. 运行 C. 示教 D. 操控

7. 示教速度是指示教焊接机器人从________示教点移到________示教点的速度。

A. 上一个 当前 B. 当前 下一个

C. 下一个 当前 D. 当前 上一个

8. 未焊接的点和焊接终了点均属于________。

A. 焊接点 B. 空走点 C. 再现点 D. 结束点

9. 焊接开始点和焊接中间点均属于________。

A. 焊接点 B. 空走点 C. 再现点 D. 结束点

10. 当插补方式确定为圆弧时，应选择________。

A. MOVEP B. MOVEL C. MOVEC D. WEAVEP

11. 在________内，机器人以焊接速度移动。

A. 焊接区间 B. 空走区间 C. 示教区间 D. 移动区间

12. 在________内，机器人以示教速度移动。

A. 焊接区间 B. 空走区间 C. 示教区间 D. 移动区间

13. 文件排序方法有文件名字母顺序、文件大小及________三种。

A. 保存时间 B. 示教顺序 C. 再现顺序 D. 启动时间

14. 手腕插补方式（CL）编号________用于圆弧插补时的工具矢量近似于竖直姿态（小于10°）。

A. 0 B. 1 C. 2 D. 3

15. 插补方式 MOVELW 表示________。

A. 直线 B. 圆弧 C. 直线摆动 D. 圆弧摆动

二、判断题（正确的打“√”，错误的打“×”）

（ ）1. 示教器窗口包括主窗口、副窗口、图标栏及光标组成。

（ ）2. 同时松开两个安全开关，或用力握住任何一个，伺服电源立即关闭，保证安全。

（ ）3. 机器人只有关节、直角、工具三个坐标系。

（ ）4. 插补方式是指焊接机器人从上一个示教点移到当前示教点的动作类型。

（ ）5. 所设置的示教速度都是机器人从上一个示教点移到当前示教点的实际移动速度。

（ ）6. 向后再现是指从光标所在位置向下一个点移动机器人。

三、简答题

1. 移动机器人的方式有哪几种？

2. 如何选择坐标系和坐标轴？

3. 如何修改示教点？

4. 如何修改焊接开始次序指令？

5. 如何显示示教点位置？

四、实践题

1. 在编程过程中，实践复制、剪切及粘贴操作。

2. 实践多种摆动类型的示教再现操作。

3. 熟悉示教器的各种按钮及其功能。

第 4 章　焊接机器人示教再现综合实训

4.1　多条连续直线的示教再现实训

1. 实训目标

[知识目标]

(1) 熟悉示教准备、结束步骤和操作方法。

(2) 学会设置直线示教的插补方式、示教点及示教速度等。

(3) 熟悉直线轨迹的再现过程。

[能力目标]

(1) 能够熟练掌握多条连续直线轨迹的示教操作技术。

(2) 能够熟练掌握多条连续直线轨迹的再现操作技术。

(3) 具备多条连续直线示教程序的编辑和修改能力。

[情感目标]

(1) 信息收集，决策评价。

(2) 严谨认真，规范操作。

(3) 团队合作，人际沟通。

2. 实训任务

(1) 任务描述　如图 4-1 所示，完成 P2—P3—P4—P5—P6—P7—P8 多条连续直线的示教再现任务，其运行轨迹特点为：空走 - 焊接 - 空走 - 焊接 - 空走。将图 4-1 中的 P2—P3、P4—P5、P7—P8 线段设为空走区间，而 P3—P4、P5—P6—P7 线段设为焊接区间，并将 P1 点设为焊接机器人起始位置。

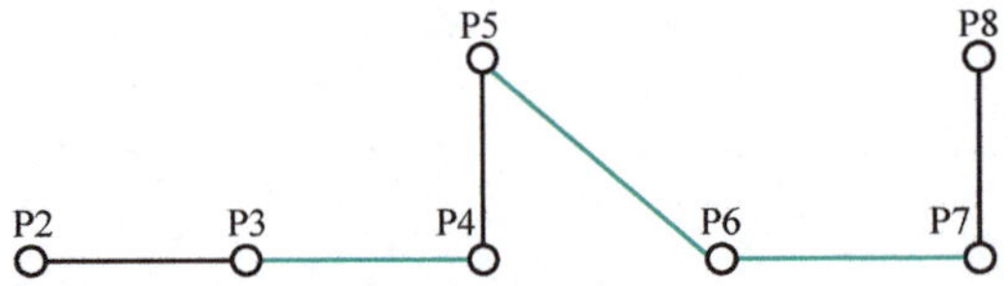

图 4-1　多条连续直线的示教轨迹

1) 离线完成的任务：在离线状态下，根据多条连续直线的特点，学生在教师指导下制作直线示教再现训练卡片，并自主完成卡片上的插补方式、示教点选择及示教速度等相应设置内容。由于这项任务可以在教室、图书馆等焊接机器人离线环境下完成，从而使编程、示教、再现所需的焊接机器人在线占用时间显著减少，也便于实施学生查阅资料、小组讨论等教学环节。因此，该项任务必须在在线操作之前完成，为在线示教操作的顺利进行做好充分准备。图 4-2 为示教再现实训卡片样例，供读者参考。

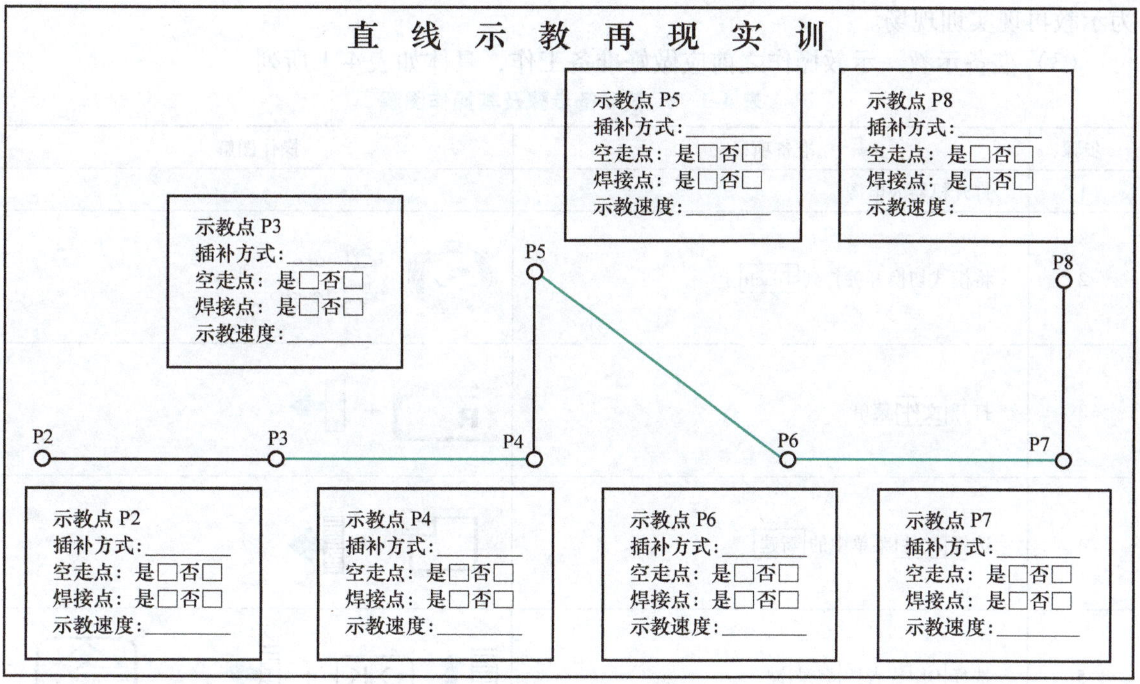

图 4-2　多条连续直线的示教再现实训卡片

2）在线完成的任务：依据实训卡片内容，通过焊接机器人在线示教再现操作方式，完成多条连续直线的示教再现实操任务，从而强化学生的直线示教再现操作技能。

（2）任务要求

1）正确选择直线示教点的插补方式、焊接点、空走点、示教速度等。

2）综合利用关节、直角及工具等坐标系熟练移动焊接机器人，完成直线示教操作，并做好过程记录。

3）按照规范操作要求，对直线示教程序进行再现操作。

4）如再现效果不佳或在再现过程中出错，需进一步优化编辑示教程序。

3. 实训步骤与操作要点

（1）制作学生卡片　根据任务特点，教师指导学生制作直线示教再现实训卡片一张（大小如 A4 纸），以查阅资料、小组讨论等形式完成卡片内容的填写任务。

（2）制作教师卡片　根据任务要求，由授课教师制作焊接机器人现场教学用直线示教再现实训卡片一张。制作时要注意其材质选择，以满足现场机器人教学使用。图 4-3 所示

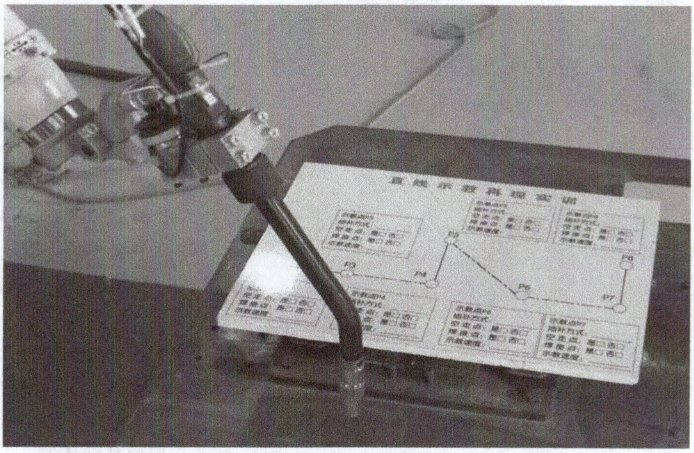

图 4-3　多条连续直线的示教再现实训现场

为示教再现实训现场。

（3）准备示教　示教操作之前应做好准备工作，具体如表4-1所列。

表4-1　示教准备步骤及其操作图解

步骤	准备项目	操作图解
1	打开机器人电源	
2	将模式切换开关打到[Teach]上	
3	打开[文件]菜单	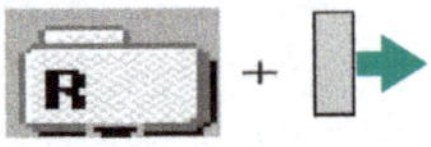
4	选择[文件]菜单中的[新建]	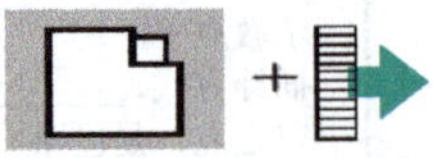
5	选择[OK]或者按[登录]键	 或者 
6	打开机器人动作按钮	 ON(灯亮)
7	轻握安全开关，打开伺服电源	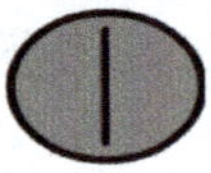

（4）示教操作　示教操作的步骤及其操作要点如表4-2所列。

表4-2　示教操作步骤及要点

步骤	示教步骤	操作要点
1	示教P1点（机器人初始位置或将机器人移动到合适的位置）	◆ 可以不移动机器人 ◆ 各参数取其默认值 【试一试】重新设置各参数对机器人的运行有何影响
2	示教P2点（空走区间的开始点）	◆ 确定空走点还是焊接点 ◆ 插补方式用MOVEL或MOVEP均可以，但为了预见机器人移动轨迹，以免碰撞工装夹具或人员，建议设为MOVEL ◆ 示教速度可取默认值或更低的速度，以确保安全
3	示教P3点（空走区间的结束点，但又是焊接区间的开始点）	◆ 设置空走点还是焊接点 ◆ 设置插补方式和示教速度 ◆ 练习焊接电流、焊接电压、焊接速度的修改操作，也可保留其默认值

（续）

步骤	示教步骤	操作要点
4	示教 P4 点（焊接区间的结束点，但又是空走区间的开始点）	◆ 设置空走点还是焊接点 ◆ 设置插补方式和示教速度 ◆ 设置收弧参数：焊接电流、焊接电压、电弧停留时间 【试一试】修改示教速度后机器人的运行速度有何变化
5	示教 P5 点（空走区间的结束点，但又是焊接区间的开始点）	◆ 设置空走点还是焊接点 ◆ 设置插补方式和示教速度 ◆ 设置焊接电流、焊接电压、焊接速度
6	示教 P6 点（焊接区间的中间点）	◆ 设置空走点还是焊接点 ◆ 设置插补方式和示教速度 【试一试】修改示教速度后机器人的运行速度有何变化
7	示教 P7 点（焊接区间的结束点，但又是空走区间的开始点）	◆ 设置空走点还是焊接点 ◆ 设置插补方式和示教速度 ◆ 设置收弧参数：焊接电流、焊接电压、电弧停留时间
8	示教 P8 点（空走区间的结束点）	◆ 设置空走点还是焊接点 ◆ 设置插补方式和示教速度

（5）再现操作　示教结束后往往要再现示教轨迹，以检验示教效果。表 4-3 为一种常用再现操作步骤，也可以从任一示教点开始向前或向后再现。

表 4-3　再现操作步骤及操作图例

步骤	再现操作步骤	操作图例
1	关闭机器人动作按钮	 OFF(灯灭)
2	将光标移到示教程序的 Begin of program 上	
3	打开机器人动作按钮	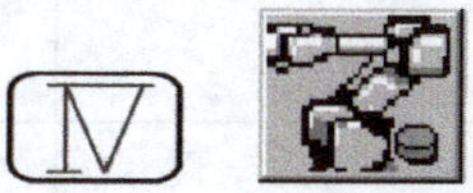 ON(灯亮)
4	打开再现按钮	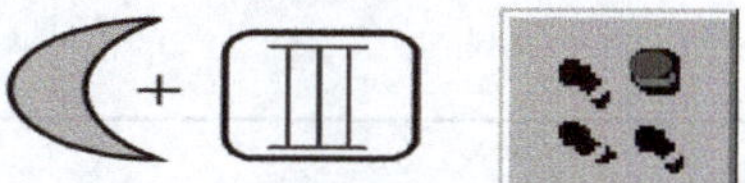 右上档键　功能键　ON(灯亮)

（续）

步骤	再现操作步骤	操作图例
5	向前	
6	向后	

（6）结束操作　完成示教再现操作后有相应的结束操作，其具体步骤如表 4-4 所列。

表 4-4　结束操作步骤及图例

步骤	准备项目	操作图例
1	关闭机器人再现按钮	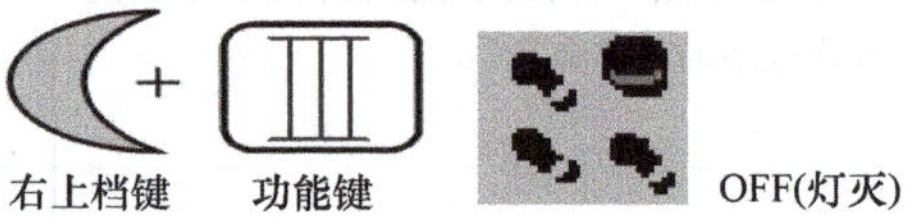
2	按界面[切换]键，将光标移到菜单图标栏	
3	选择[文件]图标	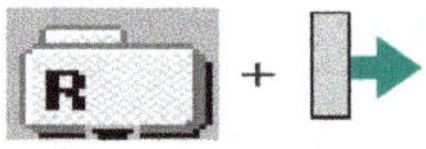
4	保存文件（程序）	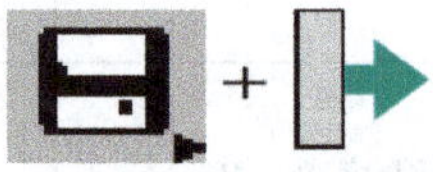
	回答“是否保存?”	
5	关闭文件（程序）	

4. 实训过程记录及评价

实训过程的记录和评价见表 4-5。

表 4-5　多条连续直线的示教再现实训过程记录及评价

任务名称	多条连续直线示教再现	实训地点	焊接机器人实训室
实训时间		指导教师	
实训班级		小组编号及成员	
工作过程的记录	实训卡片填写情况： 直线示教操作情况： 直线再现操作情况： 结束操作情况： 规范操作及安全情况：		
学生自评	签名：		
组长评价	签名：		
教师评价	签名：		

4.2 圆弧—直线—圆弧轨迹的示教再现实训

1. 实训目标

[知识目标]

(1) 熟悉示教准备、结束步骤和操作方法。

(2) 学会设置圆弧示教的插补方式、示教点及示教速度等。

(3) 熟悉圆弧轨迹的再现过程。

[能力目标]

(1) 能够熟练掌握圆弧—直线—圆弧轨迹的示教操作技术。

(2) 能够熟练掌握圆弧—直线—圆弧轨迹的再现操作技术。

(3) 具备圆弧—直线—圆弧示教程序的编辑和修改能力。

[情感目标]

(1) 信息收集，决策评价。

(2) 严谨认真，规范操作。

(3) 团队合作，人际沟通。

2. 实训任务

(1) 任务描述　实训任务为示教再现如图 4-4 所示的圆弧—直线—圆弧轨迹，该轨迹由一条直线和两个圆弧组成。P2—P3—P4 为半圆弧焊接区间，P4—P5 为直线空走区间，P5—P6—P7—P8—P9 为整圆弧焊接区间，其中 P5 与 P9 重合。建议将焊接机器人起始位置设为 P1 点。

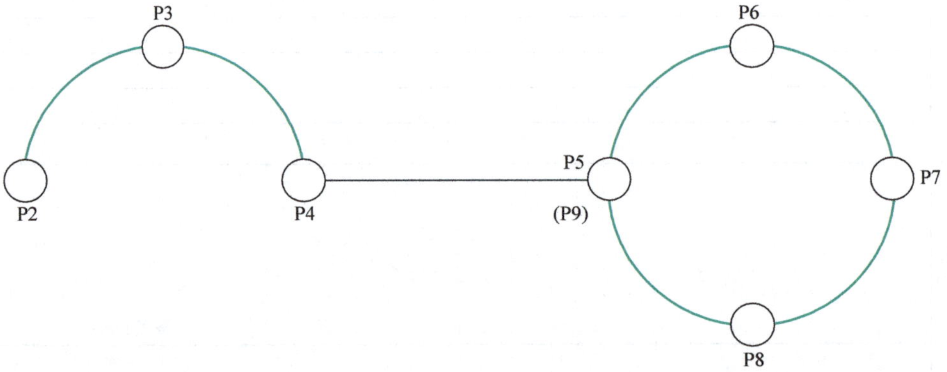

图 4-4　圆弧—直线—圆弧示教轨迹

1) 离线完成的任务：在焊接机器人离线状态下，指导学生制作圆弧—直线—圆弧示教再现训练卡片，并完成卡片上的插补方式、示教点选择及示教速度等相应设置内容。图 4-5 所示为圆弧—直线—圆弧的示教再现实训卡片样例，供读者参考。

2) 在线完成的任务：依据实训卡片内容，通过焊接机器人在线示教再现操作方式，完成圆弧的示教再现实操任务，强化学生完成圆弧轨迹的在线示教再现操作技能，提升其圆弧—直线—圆弧复杂轨迹的示教再现综合操作能力。

(2) 任务要求

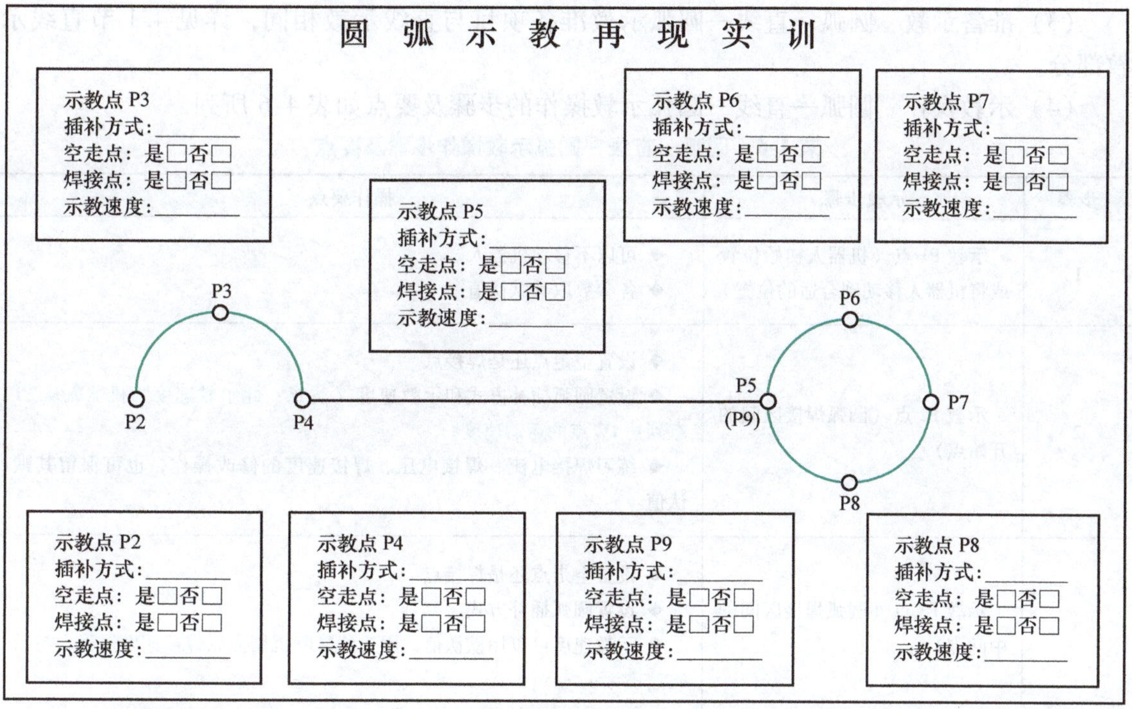

图 4-5　圆弧—直线—圆弧的示教再现实训卡片

1）正确选择圆弧—直线—圆弧示教点的插补方式、焊接点、空走点、示教速度等。

2）综合利用关节、直角及工具等坐标系熟练移动焊接机器人，完成圆弧—直线—圆弧示教操作。

3）对圆弧—直线—圆弧示教程序进行再现操作。

4）根据再现结果，修改或完善圆弧—直线—圆弧示教程序。

3. 实训步骤与操作要点

（1）制作学生卡片　操作要求与 4.1 节的直线示教相同。

（2）制作教师卡片　图 4-6 所示为教学用圆弧—直线—圆弧示教再现实训卡片及现场，供读者参考。

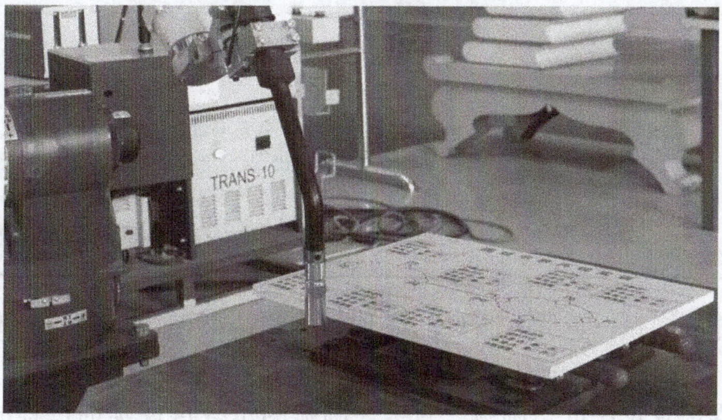

图 4-6　圆弧—直线—圆弧的示教再现实训卡片及现场

（3）准备示教　圆弧—直线—圆弧示教准备项目与直线示教相同，详见4.1节直线示教部分。

（4）示教操作　圆弧—直线—圆弧示教操作的步骤及要点如表4-6所列。

表4-6　圆弧—直线—圆弧示教操作步骤及要点

步骤	示教步骤	操作要点
1	示教P1点（机器人初始位置或将机器人移动到合适的位置）	◆ 可以不移动机器人 ◆ 各参数取其默认值
2	示教P2点（圆弧焊接区间的开始点）	◆ 设置空走点还是焊接点 ◆ 设置圆弧插补方式和示教速度（注意：此示教速度为机器人从P1点到达P2点的运动速度） ◆ 练习焊接电流、焊接电压、焊接速度的修改操作，也可保留其默认值
3	示教P3点（圆弧焊接区间的中间点）	◆ 设置空走点还是焊接点 ◆ 设置圆弧插补方式 ◆ 示教速度可以用默认值，因为此区间机器人以焊接速度运行，与示教速度无关
4	示教P4点（圆弧焊接区间的结束点，但又是直线空走区间的开始点）	◆ 设置空走点还是焊接点 ◆ 设置插补方式 ◆ 设置收弧参数：焊接电流、焊接电压、电弧停留时间
5	示教P5点（直线空走区间的结束点，但又是圆弧焊接区间的开始点）	◆ 设置空走点还是焊接点 ◆ 设置插补方式和示教速度 ◆ 设置焊接电流、焊接电压、焊接速度
6	示教P6、P7、P8点（圆弧焊接区间的中间点）	◆ 设置空走点还是焊接点 ◆ 设置插补方式
7	示教P9点（圆弧焊接区间的结束点）	◆ 设置空走点还是焊接点 ◆ 设置插补方式 ◆ 由于P9点与P5点要重合，因此应将P5以复制粘贴方式设置为P9点，以确保P9点与P5点的完全重合。这样也不必将机器人移到P9点处进行示教操作 ◆ 设置收弧参数：焊接电流、焊接电压、电弧停留时间

（5）再现操作　圆弧—直线—圆弧的再现操作和结束操作步骤与4.1节的直线操作步骤相同。

（6）实训过程记录及评价　圆弧—直线—圆弧的示教再现实训过程的记录和评价见表4-7。

表 4-7　圆弧—直线—圆弧示教再现实训过程记录及评价

任务名称	圆弧—直线—圆弧示教再现	实训地点	焊接机器人实训室
实训时间		指导教师	
实训班级		小组编号及成员	
工作过程的记录	实训卡片填写情况： 圆弧示教操作情况： 圆弧再现操作情况： 结束操作情况： 规范操作及安全情况：		
学生自评	签名：		
组长评价	签名：		
教师评价	签名：		

4.3 直线摆动—圆弧轨迹的示教再现实训

1. 实训目标

[知识目标]

(1) 熟悉示教准备、结束步骤和操作方法。

(2) 学会设置摆动示教的插补方式、示教点、振幅点及示教速度等。

(3) 熟悉摆动轨迹的再现过程。

[能力目标]

(1) 能够熟练掌握直线摆动—圆弧轨迹的示教操作技术。

(2) 能够熟练掌握直线摆动—圆弧轨迹的再现操作技术。

(3) 具备直线摆动—圆弧示教程序的编辑和修改能力。

[情感目标]

(1) 信息收集，决策评价。

(2) 严谨认真，规范操作。

(3) 团队合作，人际沟通。

2. 实训任务

(1) 任务描述　由直线摆动和圆弧组成的轨迹如图 4-7 所示。P2—P5 为直线摆动焊接区间，P3 点和 P4 点为摆动的振幅点，P5—P6—P7 为圆弧空走区间，将 P1 点设为焊接机器人起始位置。

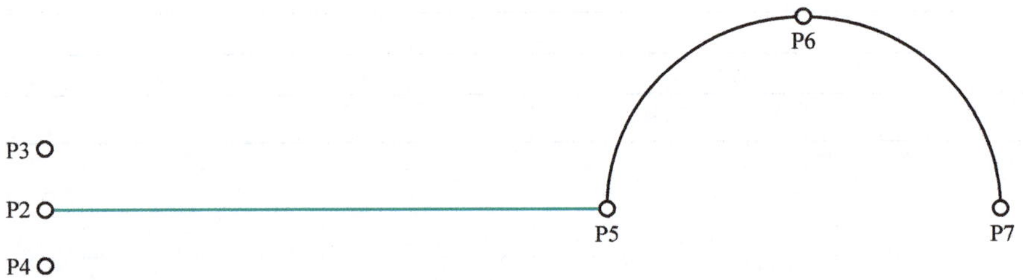

图 4-7　直线摆动—圆弧示教轨迹

1) 离线完成的任务：在焊接机器人离线状态下，教师指导学生制作摆动示教再现训练卡片，并完成卡片上的插补方式、示教点、振幅点及示教速度等相应设置内容。图 4-8 所示为直线摆动—圆弧的示教再现实训卡片样例，供读者参考。

2) 在线完成的任务：依据直线—圆弧摆动示教再现实训卡片内容，通过焊接机器人在线示教和再现操作方式，完成直线摆动—圆弧轨迹的示教再现实操任务，强化学生的摆动示教再现操作技能，提升学生直线摆动加圆弧复杂轨迹的示教再现操作综合能力。

(2) 任务要求

1) 正确选择摆动示教点和振幅点的插补方式、焊接点、空走点及示教速度等。

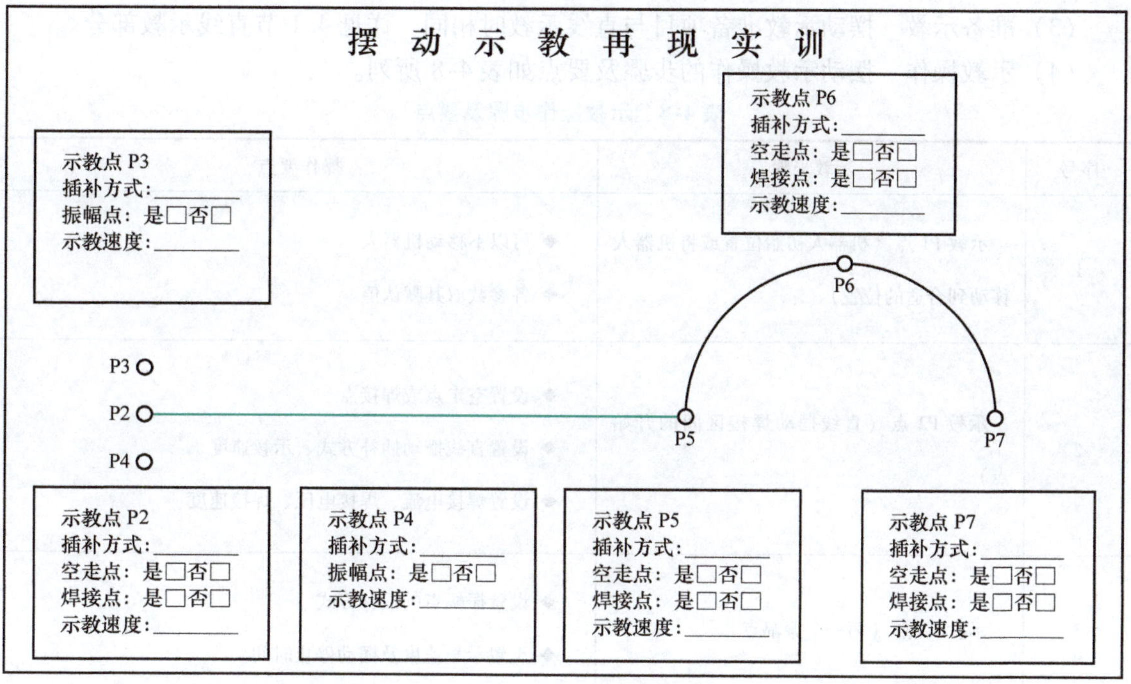

图 4-8　直线摆动—圆弧示教再现实训卡片

2）综合利用关节、直角及工具等坐标系熟练移动焊接机器人，完成摆动示教操作。

3）对摆动示教程序进行再现操作。

4）根据再现结果，修改或完善示教程序。

3. 实训步骤与操作要点

（1）制作学生卡片　学生卡片的制作与 4.1 节部分直线示教相同。

（2）制作教师卡片　图 4-9 所示为教学用直线摆动—圆弧示教再现实训卡片及现场，供读者参考。

图 4-9　直线摆动—圆弧的示教再现实训卡片及现场

（3）准备示教　摆动示教准备项目与直线示教时相同，详见4.1节直线示教部分。

（4）示教操作　摆动示教操作的步骤及要点如表4-8所列。

表4-8　示教操作步骤及要点

序号	示教步骤	操作要点
1	示教P1点（机器人初始位置或将机器人移动到合适的位置）	◆ 可以不移动机器人 ◆ 各参数取其默认值
2	示教P2点（直线摆动焊接区间的开始点）	◆ 设置空走点或焊接点 ◆ 设置直线摆动插补方式、示教速度 ◆ 设置焊接电流、焊接电压、焊接速度
3	示教P3点（第一个振幅点）	◆ 设置振幅点的插补方式 ◆ 设置示教速度及摆动停止时间
4	示教P4点（第二个振幅点）	◆ 设置振幅点的插补方式 ◆ 设置示教速度及摆动停止时间
5	示教P5点（直线摆动焊接区间的结束点，但又是圆弧空走区间的开始点）	◆ 设置空走点或焊接点 ◆ 设置插补方式 ◆ 设置收弧参数：焊接电流、焊接电压、电弧停留时间 ◆ 设置摆动频率
6	P6点（圆弧空走区间的中间点）	◆ 设置空走点或焊接点 ◆ 设置插补方式和示教速度
7	示教P7点（圆弧空走区间的结束点）	◆ 设置空走点或焊接点 ◆ 设置插补方式和示教速度

（5）再现操作　摆动再现操作和结束操作步骤与直线相同，详见4.1节部分。

（6）实训过程记录及评价　直线摆动—圆弧示教再现实训过程的记录和评价见表4-9。

表 4-9　直线摆动—圆弧示教再现实训过程记录及评价

任务名称	直线摆动—圆弧示教再现	实训地点	焊接机器人实训室
实训时间		指导教师	
实训班级		小组编号及成员	
工作过程的记录	实训卡片填写情况： 摆动示教操作情况： 摆动再现操作情况： 结束操作情况： 规范操作及安全情况：		
学生自评	签名：		
组长评价	签名：		
教师评价	签名：		

【综合练习】

一、选择题

1. 在示教过程中，P1 点一般设为焊接机器人的________。

A. 安全位置　B. 中间位置　C. 初始位置　D. 暂停位置

2. 示教时必须先将模式切换开关打到________上。

A. Teach　B. Auto　C. OK　D. R

3. 在手动移动机器人时，必须打开机器人________按钮。

A. 切换　B. 暂停　C. 启动　D. 动作

4. 接通伺服电动机时，需轻握机器人示教器________开关。

A. 切换　B. 安全　C. 暂停　D. 动作

5. 设置较低的示教速度是为了确保机器人的________。

A. 示教过程稳定　B. 示教轨迹精确　C. 再现效果好　D. 运行安全

6. ________包括焊接电流、焊接电压和焊接速度等。

A. 收弧参数　B. 焊接参数　C. 示教参数　D. 再现参数

7. 在进行再现操作时，必须打开机器人________按钮。

A. 示教　B. 再现　C. 启动　D. 动作

8. 直线示教至少示教________个点。

A. 1　B. 2　C. 3　D. 4

9. 圆弧示教至少示教________个点。

A. 1　B. 2　C. 3　D. 4

10. 整圆示教至少示教________个点。

A. 1　B. 2　C. 3　D. 4

11. 当示教摆动轨迹时，振幅点的插补方式应选择________。

A. MOVEP　B. MOVEL　C. MOVEC　D. WEAVEP

12. 当示教摆动轨迹时，摆动频率应设置在摆动________上。

A. 开始点　B. 中间点　C. 结束点　D. 任一点

13. 当示教直线摆动轨迹时，其插补方式应选为________。

A. MOVELW　B. MOVEL　C. MOVECW　D. WEAVEP

14. 当示教圆弧摆动轨迹时，其插补方式应选为________。

A. MOVELW　B. MOVEL　C. MOVECW　D. WEAVEP

15. 将摆动停止时间设置在________处。

A. 摆动开始点　B. 摆动振幅点　C. 摆动结束点　D. 摆动中间点

二、判断题（正确的打“√”，错误的打“×”）

（　　）1. 焊接结束点的示教速度就是焊接区间的机器人运行速度。

（　　）2. 焊接电流、焊接电压、焊接速度的修改操作，必须边示教边修改才有效。

（　　）3. 焊接结束点应设为焊接点。

（　　）4. 将光标移到示教程序的 Begin of program 后应进行向前再现操作。

（　　）5. 在振幅点处设置摆动停止时间。

三、简答题

1. 示教准备有哪些步骤?

2. 示教结束有哪些步骤?

3. 在机器人初始位置点示教时，其焊接点、插补方式、示教速度等是否需要修改?为什么?

4. 再现操作有哪些步骤?

四、实践题

自主完成图4-10所示直线摆动—圆弧摆动的示教再现操作。其中直线P2—P5为摆动空走区间，圆弧P5—P8—P9为摆动焊接区间，P3、P4、P6、P7为摆动振幅点。

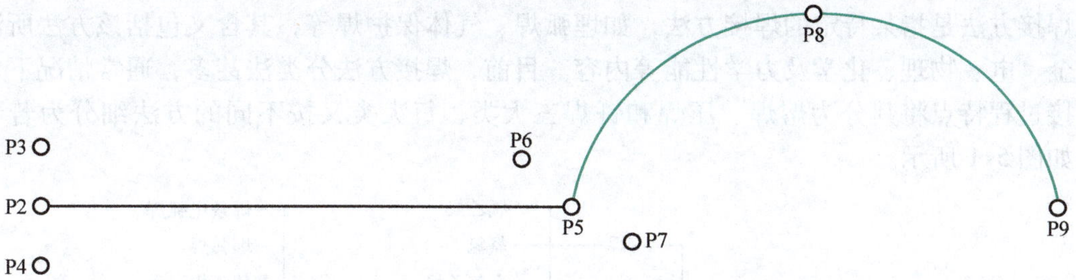

图4-10　直线摆动—圆弧摆动的示教再现轨迹

第 5 章　典型接头机器人焊接实例

5.1　焊接知识准备

5.1.1　焊接方法

焊接方法是指某特定的焊接方法，如埋弧焊、气体保护焊等，其含义包括该方法所涉及的冶金、电、物理、化学及力学性能等内容。目前，焊接方法分类法甚多，通常情况下，按其焊接过程特点将其分为熔焊、压焊和钎焊三大类，每大类又按不同的方法细分为若干小类，如图 5-1 所示。

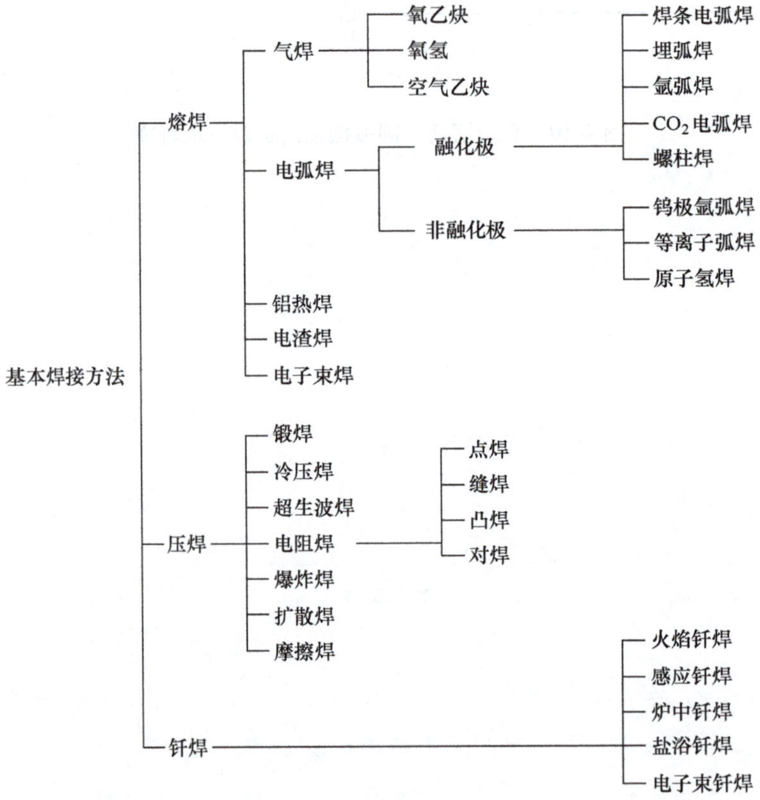

图 5-1　焊接方法

熔焊是利用局部热源将焊件的接合处及填充金属材料（有时不用填充金属材料）熔化，不加压力而互相熔合，冷却凝固后而形成牢固的接头，如气焊、电弧焊、电渣焊都属于这一类。弧焊机器人焊接则通常属于熔化极惰性气体保护焊（MIG 焊）。

MIG 焊是采用惰性气体作为保护气，使用焊丝作为熔化电极的一种电弧焊方法。这种方法通常用氩气、氦气或它们的混合气体作为保护气，连续送进的焊丝既作为电极又作为填充金属，在焊接过程中焊丝不断熔化并过渡到熔池中去而形成焊缝。在焊接结构生产中，特别是在高合金材料和有色金属及其合金材料的焊接生产中，MIG 焊占有很重要的地位。其焊接原理如图 5-2 所示。随着 MIG 焊应用的扩展，仅以氩或氦作保护气体难以满足需要，因而发展了在惰性气体中加入少量活性气体如 CO_2 等组成的混合气体作为保护气体的方法，通常称之为熔化极活性混合气体保护焊，简称为 MAG 焊（Metal Active Gas Welding）。

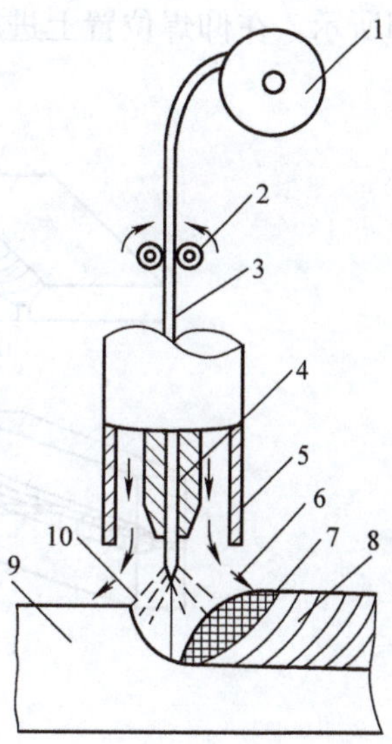

图 5-2　MIG 焊的原理示意图

1—焊丝盘　2—送丝滚轮　3—焊丝　4—导电嘴　5—保护罩点　6—保护气体　7—熔池　8—焊缝金属　9—焊件　10—电弧

5.1.2　Q235 钢的焊接性分析

碳钢以铁为基础，以碳为合金元素，碳的质量分数一般不超过 1.0%，具有较好的力学性能和各种工艺性能，而且冶炼工艺比较简单，价格低廉，因而在焊接结构制造上得到了广泛应用。碳钢的焊接性主要取决于碳含量的高低，即随着碳含量的增加，焊接性逐渐变差。按碳含量可分为低碳钢、中碳钢和高碳钢。

低碳钢的含碳量较低（$w_C < 0.25\%$），且除 Mn、Si、S、P 等常规元素外，很少含有其他合金元素，因而焊接性良好。低碳钢焊接有以下特点：

（1）可装配成各种不同位置的施焊，且焊接工艺和技术较简单，容易掌握。

（2）焊前一般不需预热。

（3）塑性较好，焊接接头产生裂纹的倾向小，适合制造各类大型结构件和受压容器。

（4）不需要使用特殊和复杂的设备，对焊接电源没有特殊要求，交直流弧焊机都可以焊接。对焊接材料也无特殊要求，酸性碱性都可。

（5）低碳钢焊接时，如果焊条直径或工艺参数选择不当，有可能出现热影响区晶粒长大或时效硬化倾向。焊接温度越高，热影响区在高温停留时间越长，晶粒长大越严重。

5.1.3　全位置焊接

熔焊时，被焊焊件接缝所处的空间位置，称为焊接位置。对接的焊接位置如图 5-3 所示。

焊接位置可用焊缝倾角和焊缝转角来表示。焊缝倾角是指焊缝轴线与水平面之间的夹角；焊缝转角是焊缝中心线（焊根和盖面层中心连线）和水平参照面之间的夹角。

（1）平焊位置　焊缝倾角 0°，焊缝转角 90°的焊接位置称为平焊位置，如图 5-3a 所示。在平焊位置进行的焊接称为平焊。

（2）横焊位置　焊缝倾角 0°、180°，焊缝转角 0°、180°的对接位置称为横焊位置，如图 5-3b 所示。在横焊位置上进行的焊接称为横焊。

（3）立焊位置　焊缝倾角 90°（立向上）、270°（立向下）的焊接位置称为立焊位置，如图 5-3c 所示。在立焊位置上进行的焊接称为立焊。

（4）仰焊位置　焊缝倾角 0°、180°，焊缝转角 270°的焊接位置称为仰焊位置。如图

5-3d所示。在仰焊位置上进行的焊接称为仰焊。

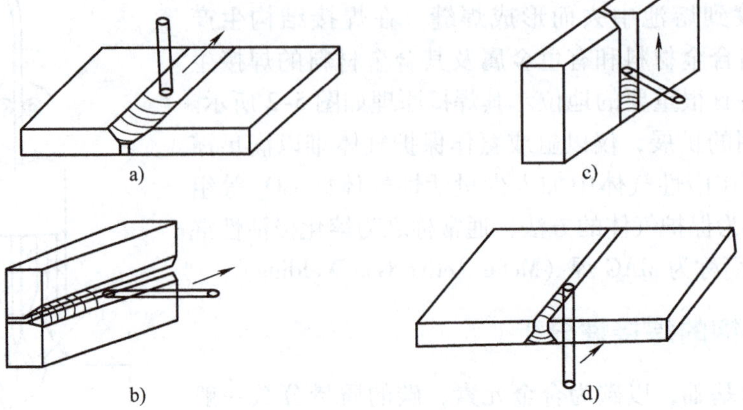

图 5-3 对接的焊接位置

a）平焊 b）横焊 c）立焊 d）仰焊

5.1.4 定位焊

焊前为固定焊件的相对位置进行的焊接操作叫定位焊，俗称点固焊。定位焊形成的短小而断续的焊缝叫定位焊缝，也叫点固焊缝。通常定位焊缝都比较短小，焊接过程中都不去掉，而成为正式焊缝的一部分保留在焊缝中，因此，定位焊缝的质量好坏，位置、长度和高度等是否合适，将直接影响正式焊缝的质量及焊件的变形。根据经验，生产中发生的一些重大质量事故，如结构变形大，出现未焊透及裂纹等缺陷，往往是定位焊不合格造成的，因此对定位焊必须引起足够的重视。

焊接定位焊缝时必须注意以下几点：

（1）必须按照焊接工艺规定的要求焊接定位焊缝。如选用工艺规定的同牌号、同直径的焊条，用相同的焊接工艺参数施焊；若工艺规定焊前需预热，焊后需缓冷，则在焊定位焊缝之前也要预热，焊后也要缓冷。

（2）定位焊缝必须保证熔合良好，焊道不能太高，起头和收尾处应圆滑不能太陡，防止焊缝接头时两端焊不透。

（3）定位焊缝的长度、余高、间距见表 5-1。

表 5-1 定位焊缝的参考尺寸 （单位：mm）

焊件厚度	定位焊缝余高	定位焊缝长度	定位焊缝间距
<4	<4	5 ~ 10	50 ~ 100
4 ~ 12	3 ~ 6	10 ~ 20	100 ~ 200
>12	>6	15 ~ 30	200 ~ 300

（4）定位焊缝不能焊在焊缝交叉处或焊缝方向发生急剧变化的地方，通常至少应离开这些地方 50mm 才能焊定位焊缝。

（5）为防止焊接过程中工件裂开，应尽量避免强制装配，必要时可增加定位焊缝的长度，并减小定位焊缝的间距。

（6）定位焊后必须尽快焊接，避免中途停顿或存放时间过长。定位焊用电流可比焊接电流大 10%～15%。

课堂笔记：

5.2　板对接平焊实例

两焊件端面相对平行的接头称为对接接头。对接接头是在各种焊接结构中应用非常广泛的一种较为理想的接头形式，且能够承受较大的载荷。

5.2.1　焊件

1. 焊件结构

焊件结构及其主要尺寸规格如图 5-4 所示。焊件材质为低碳钢 Q235，焊接位置为平对接。

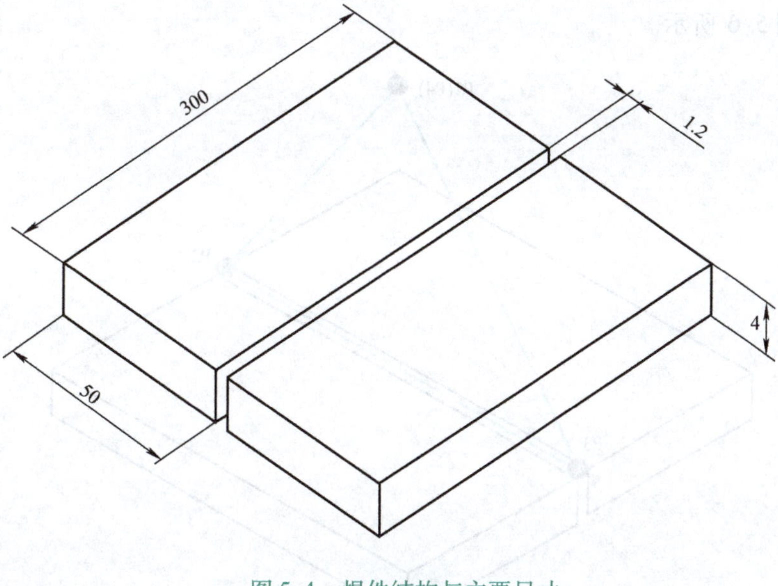

图 5-4　焊件结构与主要尺寸

2. 技术特点

由于焊缝处在水平位置，熔滴主要靠自重过渡，操作技术比较容易掌握，可以使用较大的焊接电流，其生产率高，应用较为普遍。但若焊接工艺参数选择和操作不当，也容易造成未焊透、夹渣等缺陷。焊接采用左焊法，即从右向左焊接。

5.2.2　装配与定位焊

如图 5-5 所示，装－焊卡具将两块试板装配成 I 形坡口的对接接头，装配间隙始焊端为

1.0mm，终焊端为2.0mm。在焊缝的始焊端和终焊端10mm范围内，进行定位焊接，定位焊长度为3～5mm。在定位焊时，选用焊丝型号为H08Mn2SiA，直径为ϕ1.0mm，采用松下TA－1400型焊接机器人进行定位焊。

图5-5　板对接平焊定位焊及夹具

【重要提示】：对定位焊焊接质量要求与正式焊接一样。

5.2.3　编程

根据平对接焊件结构特点，规划焊接机器人所需运行轨迹，进而确定机器人的示教轨迹和示教点，如图5-6所示。

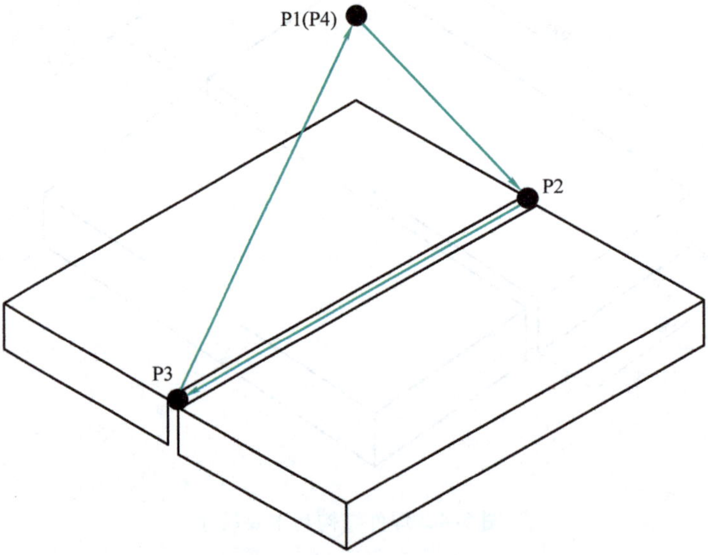

图5-6　板对接平焊示教轨迹

P1—P2区间为空走区间，其中示教点P1为机器人初始位置，示教点P2为焊接开始点。

P2—P3区间为焊接区间，其中示教点P3为焊接结束点。

P3—P4区间为空走区间，其中P4点与P1点重合，目的是使机器人回归初始点。

【重要提示】为将P4点与P1点完全重合，示教P4点时直接对P1点进行复制粘贴即可。

按照图 5-6 所示板对接平焊示教轨迹进行示教编程后，示教器主窗口中生成示教再现程序，见表 5-2。

表 5-2　板对接平焊示教程序

语句行	程序语句	注释
1	Ping dui han. prg	程序名称
2	1：Mech：Robot	运动机构设置
3	Begin of program	程序开始
4	TOOL = 1：TOOL01	末端工具设置
5	MOVEL P1 ，10. 00m/min	示教点 1（空走点）
6	MOVEL P2 ，4. 00m/min	示教点 2（焊接开始点）
7	ARC – SET AMP = 130 VOLT = 17. 2 S = 0. 5	焊接规范参数，分别为焊接电流（A）、焊接电压（V）及焊接速度（m/min）
8	ARC – ON ArcStart1. prg RETRY = 0	焊接开始指令
9	MOVEL P3 ，10. 00m/min	示教点 3（空走点、焊接结束点），在 P2 至 P3 直线区间内机器人以焊接速度 S = 0. 5m/min 行进
10	CRATER AMP = 100 VOLT = 15. 8 T = 0. 2	焊接收弧规范参数
11	ARC – OFF ArcEnd1. prg RETRY = 0	焊接结束指令
12	MOVEL P4 ，10. 00m/min	示教点 4（空走点）
13	End of program	程序结束

操作人员要对上述程序进行再现操作，仔细观察机器人是否准确无误地再现了所示教的轨迹和运动模式，如提示示教错误或发现示教不理想，应及时修改程序。

5. 2. 4　机器人焊接

1. 确定主要焊接工艺参数

根据焊件材质、焊件厚度、焊接位置等因素，确定主要焊接工艺参数，如焊接电流、焊接电压及焊接速度等，具体见表 5-3。焊接设备采用松下 TA – 1400 型焊接机器人系统，如图 5-7 所示。

表 5-3　板对接平焊工艺参数

焊接方法	焊接材料			焊接电流 /A	电弧电压 /V	焊接速度 /（m/min）
	焊丝型号	焊丝直径 /mm	保护气体			
MIG 焊	H08Mn2SiA	1. 0	80% CO_2 + 20% Ar	130	17. 2	0. 5

2. 焊接开始点位置与角度

在直线焊接区间内，从焊接开始点 P2 的位置与角度可看出焊枪姿势和焊接角度。图 5-8 为机器人在焊接开始点 P2 时的焊枪姿势。

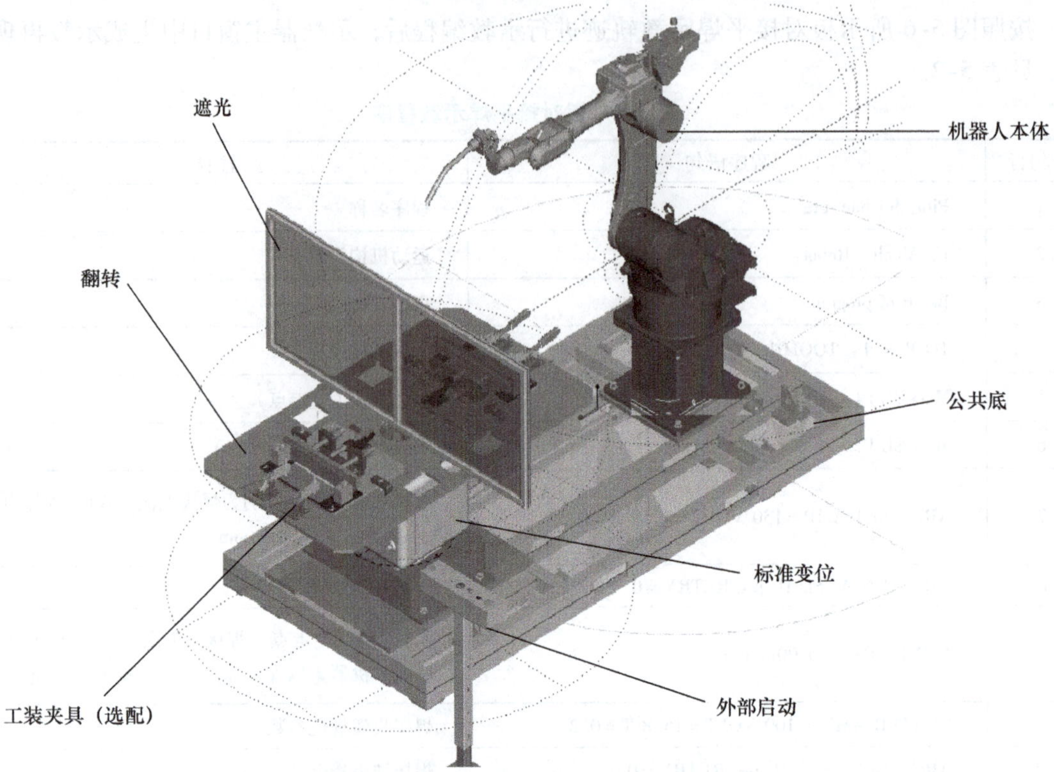

图 5-7 TA－1400 型焊接机器人系统

图 5-8 P2 点焊枪姿势

P2 点的位置和角度见表 5-4。

表 5-4 P2 点的位置和角度

位置	X/mm	Y/mm	Z/mm	U(°)	V(°)	W(°)	G1（外部轴）(°)
	1066.20	－78.97	291.65	90.19	32.06	118.96	89.70
角度	RT 关节	UA 关节	FA 关节	RW 关节	BW 关节	TW 关节	—
	－9.63	－3.25	－38.20	－32.57	－22.27	－3.23	—

3. 焊接

示教程序经过再现验证和修改完善后可进行焊接操作。焊接之前需按下电弧锁定开关，检查送丝和保护气体供给情况，并将模式开关拨到Auto，接通伺服电动机之后按下启动开关开始焊接，其焊缝如图 5-9 所示。

图 5-9　板对接平焊焊缝

课堂笔记：

5.3　板 T 形接头平角焊实例

一焊件的端面与另一焊件的表面构成直角或近似直角的接头，称为 T 形接头。这种接头的应用范围仅次于对接接头，特别是在船体中，约 70% 的接头是 T 形接头。

5.3.1　焊件

1. 焊接结构

焊件结构及其主要尺寸规格如图 5-10 所示。焊件材质为低碳钢 Q235，焊接位置为平角焊。

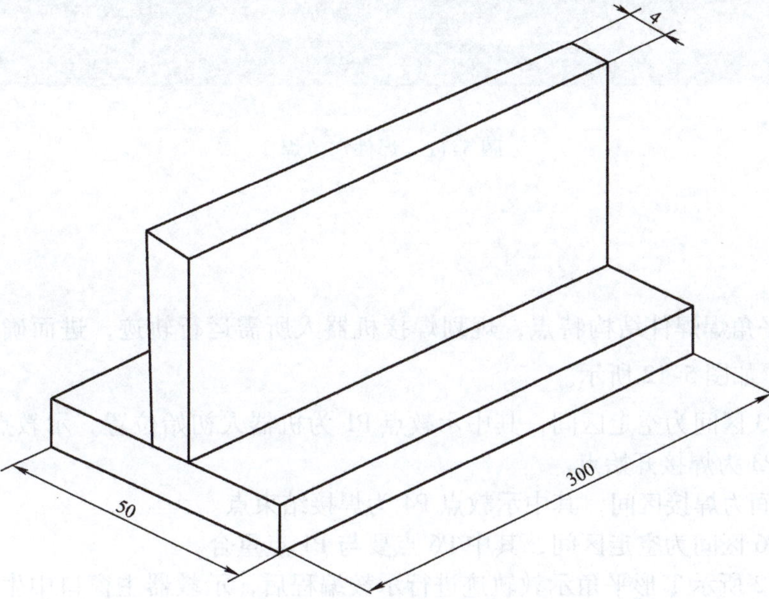

图 5-10　焊件结构与尺寸

2. 技术特点

机器人焊接T形平角焊时，若操作不当极易产生咬边、未焊透、焊脚下坠等缺陷。因此，施焊时，除了正确选择焊接工艺参数外，还要根据焊件厚度和焊脚尺寸来控制焊丝角度。以等厚度平角焊为例，一般焊丝与水平板的夹角为40°~50°，控制焊枪倾角为10°~25°。

5.3.2 装配与定位焊

由于薄板结构容易熔透，因此，装配时立板与横板之间未预留间隙。从横板两侧进行定位焊，定位焊长度为3~5mm。在定位焊时，选用焊丝型号为H08Mn2SiA，直径为1.0mm，采用松下TA-1400型焊接机器人进行定位焊，如图5-11所示。

图5-11 焊件定位焊

5.3.3 编程

根据T形平角焊焊件结构特点，规划焊接机器人所需运行轨迹，进而确定机器人示教轨迹和示教点，如图5-12所示。

P1—P2—P3区间为空走区间，其中示教点P1为机器人初始位置，示教点P2为焊接接近点，示教点P3为焊接开始点。

P3—P4区间为焊接区间，其中示教点P4为焊接结束点。

P4—P5—P6区间为空走区间，其中P6点要与P1点重合。

按照图5-12所示T形平角示教轨迹进行示教编程后，示教器主窗口中生成示教再现程序，见表5-5。

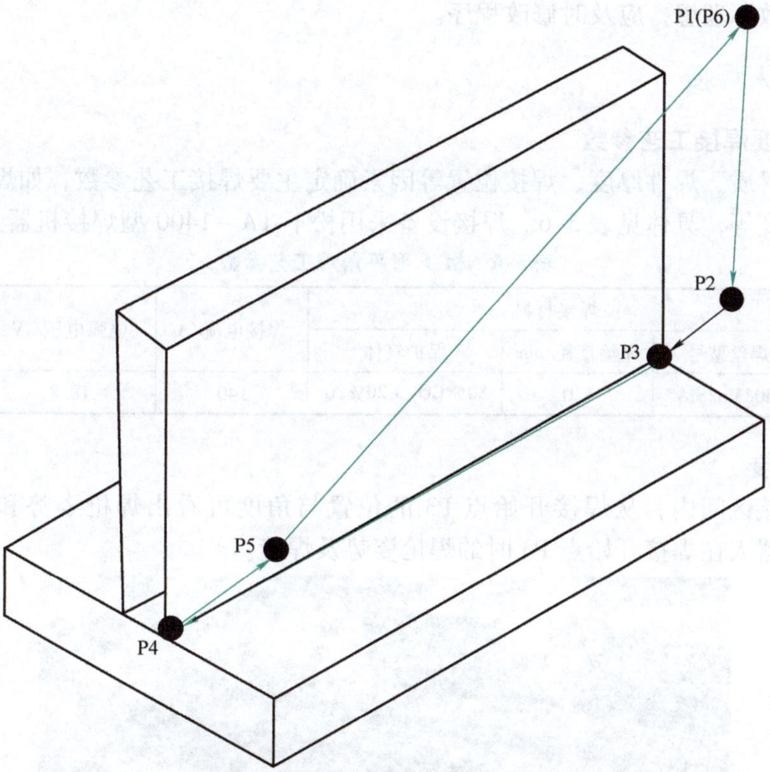

图5-12　板T形平角焊示教轨迹

表5-5　板T形平角焊示教程序

语句行	程序语句	注释
1	Ping jiao han. prg	程序名称
2	1：Mech：Robot	运动机构设置
3	Begin of program	程序开始
4	TOOL = 1：TOOL01	末端工具设置
5	MOVEL P1 ，10. 00m/min	示教点1（空走点）
6	MOVEL P2 ，10. 00m/min	示教点2（空走点）
7	MOVEL P3 ，3. 00m/min	示教点3（焊接开始点）
8	ARC - SET AMP = 140 VOLT = 18. 8 S = 0. 50	焊接规范参数，分别为焊接电流（A）、焊接电压（V）及焊接速度（m/min）
9	ARC - ON ArcStart1. prg RETRY = 0	焊接开始指令
10	MOVEL P4 ，10. 00m/min	示教点4（空走点、焊接结束点），在P3至P4区间机器人以焊接速度S = 0. 50 m/min行进
11	CRATER AMP = 100 VOLT = 15. 8 T = 0. 3	焊接收弧规范参数
12	ARC - OFF ArcEnd1. prg RETRY = 0	焊接结束指令
13	MOVEL P5 ，3. 00m/min	示教点5（空走点）
14	MOVEL P6 ，10. 00m/min	示教点6（空走点）
15	End of program	程序结束

操作人员要对示教程序进行再现操作，观察机器人是否按照示教轨迹运行，如提示示教

错误或发现示教不理想，应及时修改程序。

5.3.4 机器人焊接

1. 确定主要焊接工艺参数

根据焊件材质、焊件厚度、焊接位置等因素确定主要焊接工艺参数，如焊接电流、焊接电压及焊接速度等，具体见表5-6。焊接设备采用松下 TA－1400 型焊接机器人系统。

表5-6 板T形平角焊工艺参数

焊接方法	焊接材料			焊接电流/A	电弧电压/V	焊接速度/(m/min)
	焊丝型号	焊丝直径/mm	保护气体			
MIG 焊	H08Mn2SiA	1.0	80% CO_2 +20% Ar	140	18.8	0.5

2. 焊接角度

在直线焊接区间内，从焊接开始点 P3 的位置与角度可看出焊枪姿势和焊接角度。图5-13所示为机器人在焊接开始点 P3 时的焊枪姿势及焊缝。

图5-13 P3 点焊枪姿势及焊缝

P3 点的位置和角度见表5-7。

表5-7 P3 点位置和角度

位置	X/mm	Y/mm	Z/mm	U (°)	V (°)	W (°)	G1 (外部轴) (°)
	1072.00	-90.18	283.76	29.38	47.16	65.29	-90.42
角度	RT 关节	UA 关节	FA 关节	RW 关节	BW 关节	TW 关节	-
	-2.82	9.75	-68.23	-15.35	61.95	-40.68	-

3. 焊接

示教程序经过再现验证和修改完善后可进行焊接操作。焊接之前需按下电弧锁定开关，检查送丝和保护气体供给情况，并将模式开关拨到Auto，接通伺服电动机之后按下启动开关开始焊接。

课堂笔记：

5.4　管-板（插入式）垂直俯位焊——滑套焊接实例

管-板类接头是锅炉、压力容器制造业主要的焊缝形式之一。根据接头形式的不同，管-板类接头可分为插入式管-板和骑坐式管-板；根据空间位置的不同，每类管-板又可分为垂直固定俯位焊、水平固定全位置焊及垂直固定仰位焊。

5.4.1　焊件

1. 焊件结构

滑套焊件结构与主要尺寸规格如图5-14所示。焊件材质为低碳钢Q235，焊接位置为管子—法兰的平角环缝，焊脚高度为3～4mm。

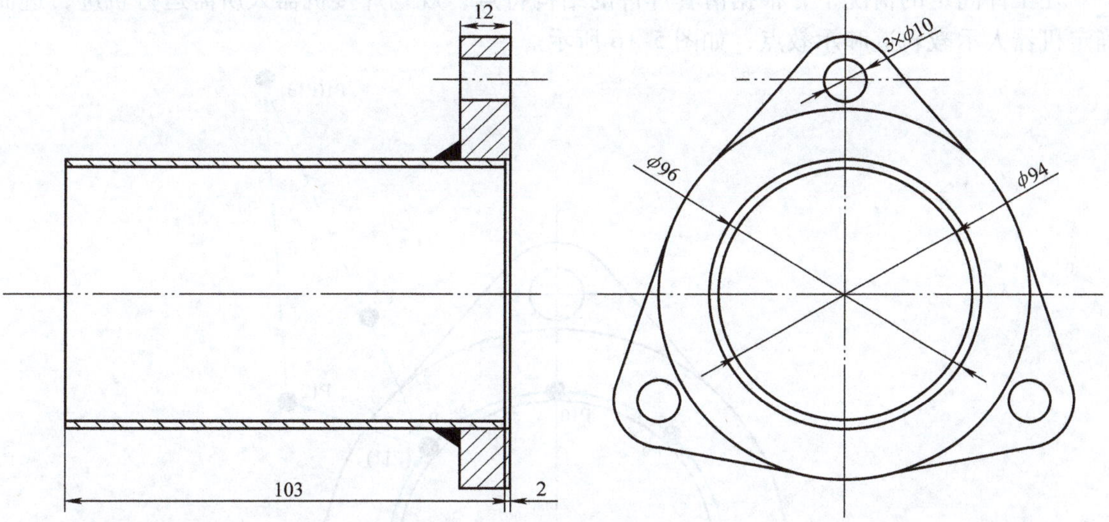

图5-14　焊件结构与主要尺寸

2. 技术特点

进行管-板（插入式）焊接时，焊缝形式为角焊缝，但管子与法兰的厚度不同，焊缝成环形，加上焊接机器人送丝是自动等速、连续的，焊接难度较板对接稍大，这要求操作者能熟练、准确地操纵机器人焊枪，并能选择合理的焊接参数，否则，容易产生未焊透、咬边等缺陷。

5.4.2　装配与定位焊

在装配时，将管子中心线与法兰孔的圆心对中，沿圆周定位焊3点，每点角度相距

120°，根部间隙约预留 1～1.5mm。在定位焊时，选用焊丝型号为 H08Mn2SiA，直径为 ϕ1.0mm，采用松下 TA－1400 型焊接机器人进行定位焊，如图 5-15 所示。

图 5-15　滑套定位焊

5.4.3　编程

［方案 1］　固定工件，移动机器人焊枪

在工件固定的情况下，根据滑套焊件的结构特点，规划焊接机器人所需运行轨迹，进而确定机器人示教轨迹和示教点，如图 5-16 所示。

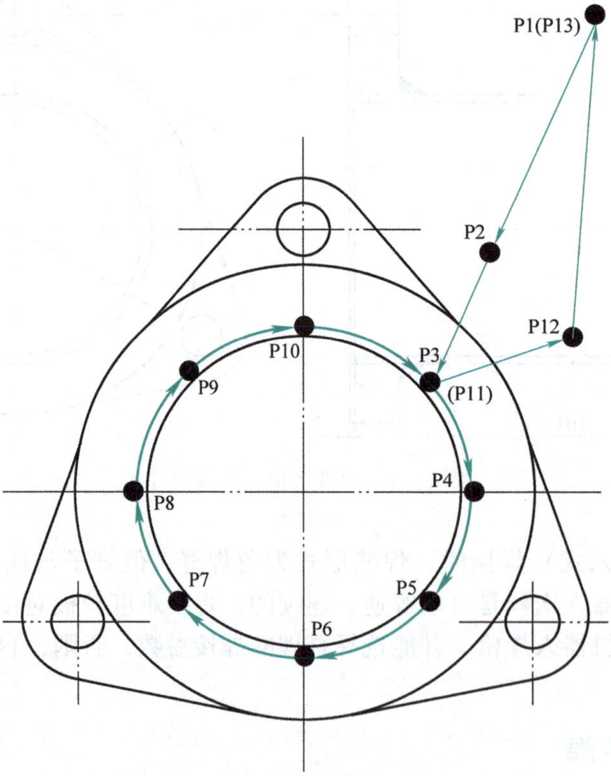

图 5-16　滑套示教轨迹

P1—P2—P3 区间为空走区间，其中示教点 P1 为机器人初始位置，示教点 P2 为焊接接近点，示教点 P3 为焊接开始点。

P3—P4—P5—P6—P7—P8—P9—P10—P11 区间为焊接区间，其中示教点 P11 为焊接结束点，与 P3 点重合。

P11—P12—P13 区间为空走区间，其中 P13 点要与 P1 点重合。

按照图 5-16 所示的滑套示教轨迹进行示教编程后，示教器主窗口中生成示教再现程序，如表 5-8 所示。

表 5-8 滑套焊接示教程序

语句行	程序语句	注释
1	hua tao. prg	程序名称
2	1：Mech：Robot	运动机构设置
3	Begin of program	程序开始
4	TOOL = 1：TOOL01	末端工具设置
5	MOVEL P1 , 10.00m/min	示教点 1（空走点）
6	MOVEL P2 , 10.00m/min	示教点 2（空走点）
7	MOVEC P3 , 3.00m/min	示教点 3（焊接开始点）
8	ARC - SET AMP = 145 VOLT = 18.0 S = 0.50	焊接规范参数，分别为焊接电流（A）、焊接电压（V）及焊接速度（m/min）
9	ARC - ON ArcStart1. prg RETRY = 0	焊接开始指令
10	MOVEC P4 , 10.00m/min	示教点 4（焊接点）
11	MOVEC P5 , 10.00m/min	示教点 5（焊接点）
12	MOVEC P6 , 10.00m/min	示教点 6（焊接点）
13	MOVEC P7 , 10.00m/min	示教点 7（焊接点）
14	MOVEC P8 , 10.00m/min	示教点 8（焊接点）
15	MOVEC P9 , 10.00m/min	示教点 9（焊接点）
16	MOVEC P10 , 10.00m/min	示教点 10（焊接点）
17	MOVEC P11 , 10.00m/min	示教点 11（空走点、焊接结束点），在 P3 至 P11 圆弧区间机器人以焊接速度 S = 0.50 m/min 行进
18	CRATER AMP = 100 VOLT = 15.8 T = 0.3	焊接收弧规范参数
19	ARC - OFF ArcEnd1. prg RETRY = 0	焊接结束指令
20	MOVEL P12 , 3.00m/min	示教点 12（空走点）
21	MOVEL P13 , 10.00m/min	示教点 13（空走点）
22	End of program	程序结束

操作人员要对示教程序进行再现操作，观察机器人是否按照示教轨迹运行，如提示示教错误或发现示教不理想，应及时修改程序。

[方案2] 转动工件，固定机器人焊枪

由于焊接轨迹为平角环焊缝，因此可以固定机器人焊枪位置，通过工装（外部轴）使工件以法兰中心为圆心相对机器人焊枪转动，从而实现平角环缝的焊接。但由于法兰中心必须与外部轴中心重合，因此，对工装夹具设计及工件装配精度要求较高，可由读者尝试焊接。

5.4.4 机器人焊接

1. 确定主要焊接工艺参数

根据焊件材质、焊件厚度、焊接位置等因素，确定主要焊接工艺参数，如焊接电流、焊接电压及焊接速度等，具体见表5-9。焊接设备采用松下TA－1400型焊接机器人系统。

表5-9 滑套焊接工艺参数

焊接方法	焊接材料			焊接电流/A	电弧电压/V	焊接速度/(m/min)
	焊丝型号	焊丝直径/mm	保护气体			
MIG焊	H08Mn2SiA	1.0	80% CO_2 +20% Ar	145	18.0	0.5

2. 焊接角度

在直线焊接区间内，从焊接开始点P3的位置与角度可看出焊枪姿势和焊接角度。图5-17所示为机器人在焊接开始点P3时的焊枪姿势。

图5-17 P3点焊枪姿势

P3点的位置和角度见表5-10。

表5-10 P3点位置和角度

位置	X/mm	Y/mm	Z/mm	U (°)	V (°)	W (°)	G1 (外部轴) (°)
	1203.00	59.61	290.10	－120.79	52.60	－135.02	－1.31
角度	RT关节	UA关节	FA关节	RW关节	BW关节	TW关节	—
	17.97	32.06	9.07	37.46	－64.93	－5.53	—

3. 焊接

示教程序经过再现验证和修改完善后可进行焊接操作。焊接之前需按下[电弧锁定]开关，检查送丝和保护气体供给情况，并将模式开关拨到[Auto]，接通伺服电动机之后按下[起动]开关开始焊接，其焊缝如图5-18所示。

图 5-18　滑套焊缝

5.5　TAWERS 焊接机器人应用实例

5.5.1　新型焊接机器人 TAWERS 简介

1. TAWERS 结构

日本松下公司在行业内率先打破焊接电源和机器人壁垒，推出融合型弧焊专用机器人——TAWERS。TAWERS 的“融合”特性带来了卓越性能，在追求高速、高品质焊接的行业领域内得到了广泛好评。TAWERS 的外观如图 5-19 所示。

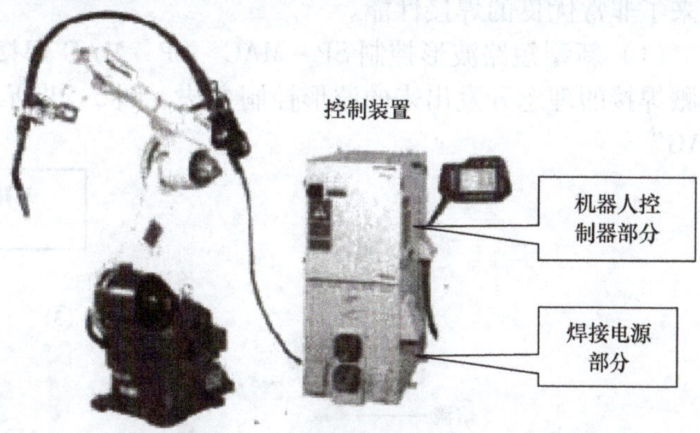

图 5-19　TAWERS 机器人外观

机器人 TAWERS 的本体部分采用高速、高刚性的 TA 系列本体。控制装置与普通电源分离型不同，在机器人控制器下部内置了焊接电源单元，进行波形控制的“大脑”安装在上面的机器人控制器中。从机器人角度来看，该电源单元相当于外部轴伺服放大器，其操作等同于送丝机放大器、关节轴、外部轴的操作。在电源单元中搭载了 100kHz 超高速逆变单元，即使在脉冲模式下，电流也能达到 350A，负载持续率 60%，而电源单元的尺寸仅为全数字电源的 2/3。另外，电源单元位置采用防尘结构，显著提高了环境适应性和可靠性。

TAWERS 控制部分的硬件构成如图 5-20 所示。实际控制焊接波形的是焊接控制板，由机器人的主 CPU 板通过总线直接控制。焊接控制板上装载有 DSP（Digital Signal Processor，数字信号处理器），用软件来控制焊接波形。各个 CPU 之间通过总线相连，可直接访问内存进行通信，这使其通信速度较全数字电源和机器人之间通信速度提高了 250 倍。

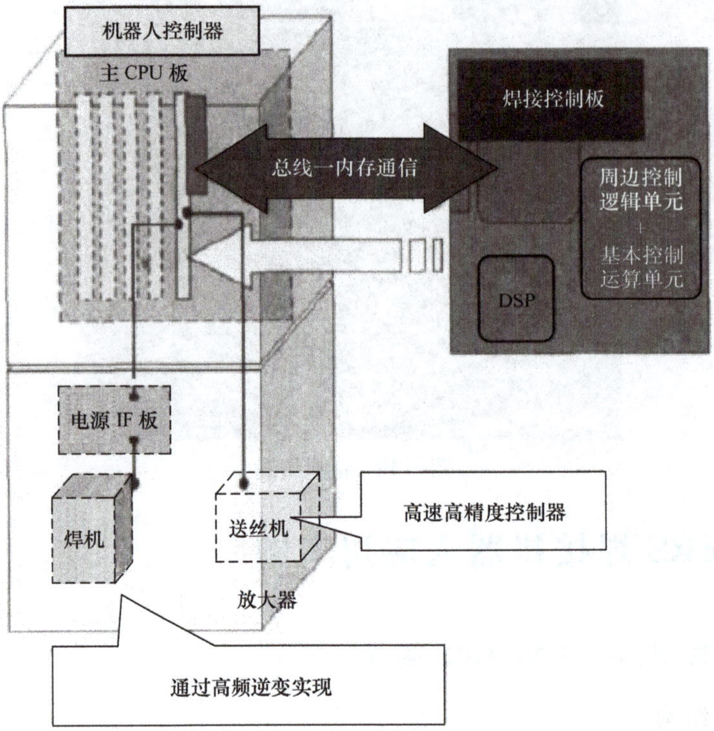

图 5-20 TAWERS 控制部分的硬件构成

2. TAWERS 主要特征

TAWERS 是电源融合型机器人，机器人直接控制焊接波形，实现“全软件控制”，从而带来了非常优良的焊接性能。

（1）新型短路波形控制 SP－MAG　SP－MAG 焊接法是基于在较低电流域实现高速、低飞溅焊接的理念开发出来的波形控制方法。图 5-21 所示为 SP－MAG 焊接法的原理。“SP－MAG”

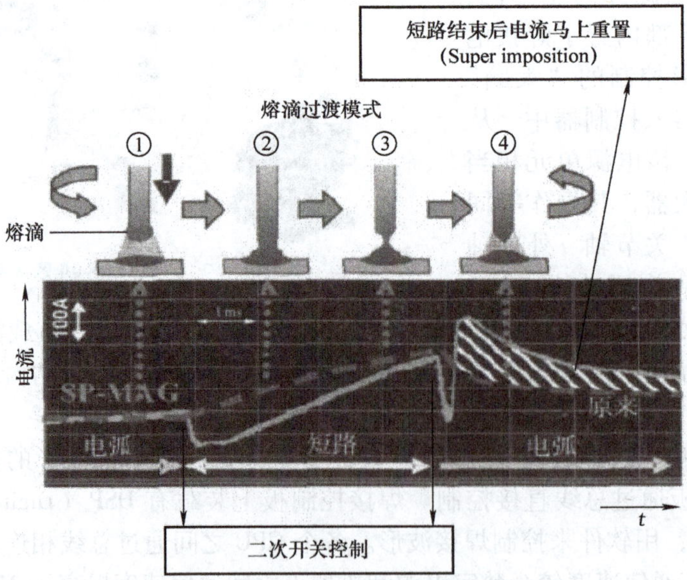

图 5-21 SP－MAG 焊接法原理

是指短路结束后焊接电流迅速重叠（图中阴影部分），用该重叠的电流提高焊丝端部的熔融速度，再次引弧后产生能量重叠，使得焊丝端部形成熔滴，焊丝端部提前形成熔滴后可以顺利过渡到下一个短路，同时也缩短了短路周期。

另外，二次开关控制是指机器人可以检测短路的发生和结束，在短路发生和结束的瞬间迅速降低电流，减少微小短路的发生以及熔丝的崩断效果。

这种新型短路波形控制法 SP－MAG 具备以下优点：

1）通过和二次开关控制的抑制飞溅效果相结合，可实现飞溅的极小化。

2）实现了稳定的短路周期及短周期化，能够形成适合高速焊接的电弧。

3）由于可以将电压捆绑使用，容易控制对母材的热输入。

由以上优点可看出，SP－MAG 是最适合薄板焊接的波形控制法。

（2）新型脉冲控制 HD－Pulse　图 5-22 是传统脉冲焊接和 HD－Pulse 脉冲波形的一个模式对比。

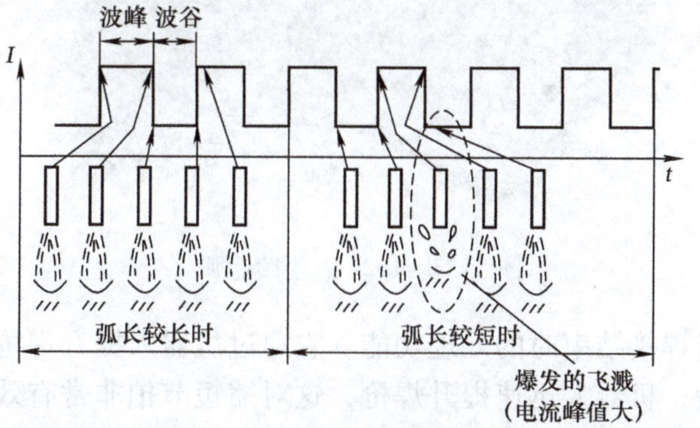

a) 传统脉冲焊接电流波形

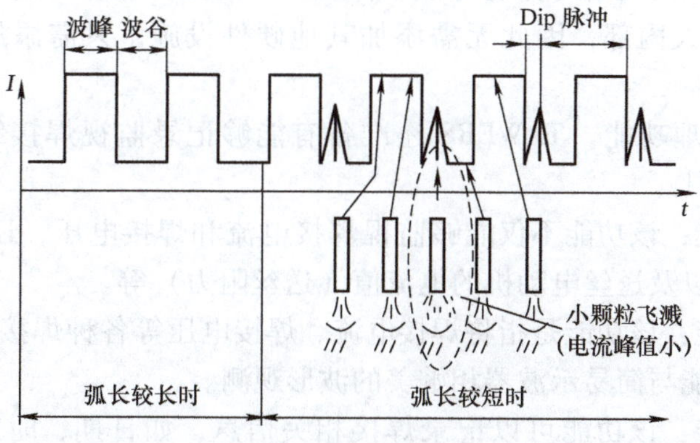

b) HD－Pulse 脉冲波形

图 5-22　传统脉冲焊接与 HD－Pulse 脉冲波形

传统脉冲焊接在弧长变短后发生短路的情况会变得不稳定，因而不仅在波谷期间，在波峰期间也会发生短路。由于在波峰期间电流较大，会产生熔丝崩断效果而引发大颗粒飞溅。HD－Pulse 是在波峰向波谷过渡的时机内控制短路的发生，同时，通过独有的颈部检测计算，可以正确检测、计算出短路结束前的“时机”，在该“时机”内再通过二次开关控制，降低短路结束时的电流，从而降低熔丝崩断效果，减少飞溅，同时还可以抑制咬边情况的发生。

（3）提升起弧和收弧功能　这两种功能是“融合”带来的新功能。提升起弧是指焊丝在带电状态下先低速向母材移动，当接触到母材的一瞬间机器人迅速提起焊枪，在焊丝端部和母材之间形成一个小间隙，从而引弧成功。由于提升起弧功能不依赖焊丝尖端和母材接触产生飞溅（熔丝崩断效果）来保证起弧，因而可以大大减少起弧时飞溅的发生。另外，对于以往难于起弧的材质，其起弧效果也非常理想。

图5-23所示为1024点连续起弧的工程案例。

图5-23　1024点连续起弧

提升收弧功能是指焊接结束时的处理功能。它通过机器人提升焊枪的动作可以防止焊丝粘连。焊接输出停止后，机器人迅速提升焊枪，这对缩短节拍非常有效。

（4）自动调整焊丝干伸长功能　利用和电弧传感相类似的高度跟踪，通过焊接电流和电压计算出干伸长，机器人始终保持与该干伸长一致的运行动作。由于TAWERS的所有焊接信息都保存在机器人内部，因此无需添加其他硬件设施，只需添加该软件即可实现该功能。

（5）焊接品质管理功能　TAWERS还准备有能够记录监视焊接结果的高级选配软件——焊接品质管理工具。

1）焊接监视功能：该功能不仅能够监视焊接电流和焊接电压，还能够监视短路频率、脉冲频率、送丝速度以及送丝电动机的电流值（送丝阻力）等。

2）表格显示功能：该功能是指将焊接电流、焊接电压等各种焊接信息在示教器上用波形来显示，可以实现能与简易示波器相媲美的波形观测。

3）焊接记录功能：该功能可以记录焊接相关信息，如日期、时间、程序名和示教点名，另外，还有平均电流、平均电压、送丝速度以及脱离设定范围的情况等信息，可以作为生产管理以及品质管理的数据库加以使用。

5.5.2　TAWERS应用实例

1. 汽车门框加强板焊接

如图5-24所示，管、板相连的裙边部分，焊接时容易发生焊穿，另外，用户对飞溅的要求也比较苛刻。对于这部分的焊接，采用SP－MAG Ⅱ焊接法，可大幅减少飞溅，杜绝焊穿，另外，焊接速度也提高到原来的 1.5 倍。

2. 汽车座椅骨架焊接

如图 5-25 所示，汽车座椅骨架的焊缝短而且多，用户要求采用起弧性能可靠且飞溅少的高品质焊接。过去在焊接后道工序时还需设专人去除飞溅，而使用 TAWERS 的 SP-MAGⅡ后，实现了高速低飞溅焊接。

3. 液压变矩器上盖焊接

图 5-26 为液压变矩器上盖和安装件的焊接案例。由于该件是驱动部分的重要零部件，因此焊接时要求达到可靠的熔深及低飞溅。对该零件，采用 TAWERS 的 HD-Pulse 焊接法，实现了足够的熔深，且飞溅很低。

4. 汽车低位手臂焊接

图 5-27 是汽车悬挂装置的低位手臂焊接案例。对悬挂系统部件的焊接，要求无咬边、无焊穿、焊接稳定和飞溅较低。采用 TAWERS 脉冲 MAG 焊接后，速度可达 1m/min，焊缝外观良好，飞溅较低。

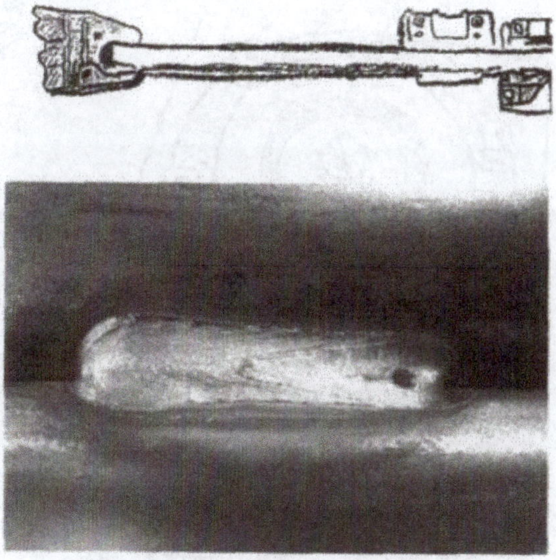

图 5-24　车门框裙边焊接

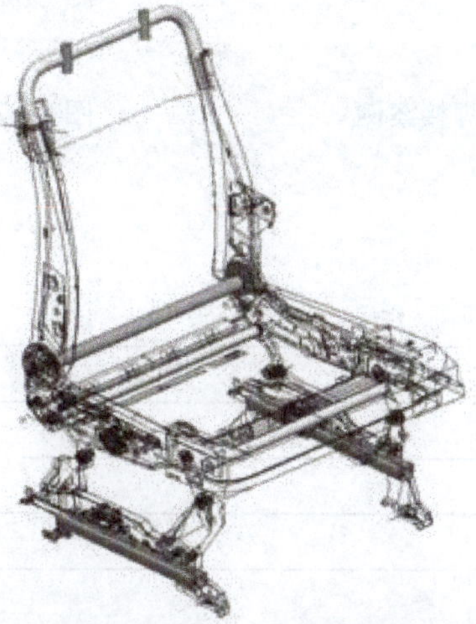

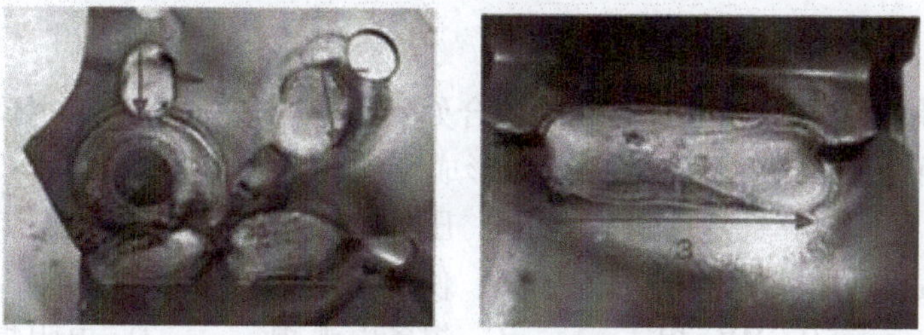

图 5-25　汽车座椅骨架焊接

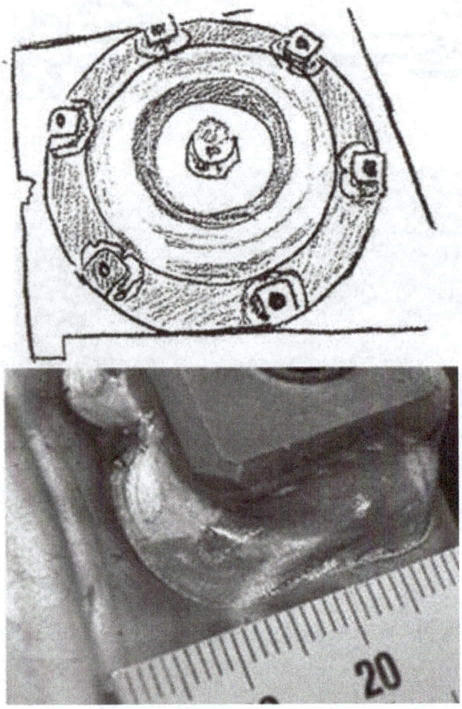

图 5-26　液压变矩器上盖和安装件焊接案例

图 5-27　低位手臂焊接案例

课堂笔记：____

____

____

____

____

【综合练习】

一、选择题

1. ________是利用局部热源将焊件的接合处及填充金属材料（有时不用填充金属材料）熔化，不加压力而互相熔合，冷却凝固后而形成牢固的接头。

A. 熔焊　　B. 钎焊　　C. 压焊　　D. 电子束焊

2. ________是采用惰性气体作为保护气，使用焊丝作为熔化电极的一种电弧焊方法。

A. TIG 焊　　B. MIG 焊　　C. 焊条电弧焊　　D. 电阻焊

3. 弧焊机器人焊接通常属于________。

A. TIG 焊　　B. MIG 焊　　C. 摩擦焊　　D. 电阻焊

4. ________以铁为基础，以碳为合金元素，碳的质量分数一般不超过1.0%。

A. 不锈钢　　B. 铸铁　　C. 低碳钢　　D. 高合金钢

5. ________焊前一般不需预热。

A. 纯铁　　B. 铸铁　　C. 低碳钢　　D. 合金钢

6. ________之前需检查送丝和保护气体供给情况。

A. 焊接　　B. 示教　　C. 再现　　D. 开机

二、判断题（正确的打“√”，错误的打“×”）

(　　) 1. 焊接方法按其焊接过程特点分为熔焊、压焊和钎焊三大类。

(　　) 2. 碳钢的焊接性主要取决于碳含量的高低，即随着碳含量的增加，焊接性逐渐变好。

(　　) 3. 焊接位置包括平焊、横焊、立焊及仰焊。

(　　) 4. 对定位焊焊接质量要求与正式焊接一样。

(　　) 5. 在直线焊接区间内，从示教程序中的焊接开始点位置与角度可看出焊枪姿势和焊接角度。

三、简答题

1. 请分析低碳钢的焊接性特点。

2. 定位焊的具体要求有哪些？

3. 板对接平焊的装配通常有哪些要求？

四、实践题

1. 编写板立对焊的机器人焊接程序。

2. 结合实际产品，阐述机器人焊接对工装的要求。

第 6 章　焊接机器人离线编程操作

6.1　机器人编程模式

6.1.1　示教编程

我国的焊接机器人数量还不是很多，产品改型也不快，许多工厂在购置焊接机器人时都是由机器人供应商事先把机器人的程序编好交给工厂使用。因此，在使用初期示教再现编程占用机时的矛盾并不突出。目前已经有些工厂希望机器人能焊接更多的新工件，但这必须停止生产才能对焊接机器人进行示教再现编程，这种生产与编程的矛盾将会越来越大。

示教再现是一种可重复再现通过示教编程存储起来的作业程序。示教编程是指通过下述方式完成程序的编制：由人工导引机器人末端执行器（安装于机器人关节结构末端的夹持器、工具、焊枪、喷枪等），或由人工操作导引机械模拟装置，或用示教器（与控制系统连接的一种手持装置，用以对机器人进行编程或使之运动）来使机器人完成预期的动作；“作业程序”（任务程序）为一组运动及辅助功能指令，用以确定机器人特定的预期作业，这类程序通常由用户编制。由于此类机器人的编程通过实时在线示教程序来实现，而机器人本身凭记忆操作，故能不断重复再现。

示教再现编程在实际生产应用中存在的主要问题有：

（1）占用机器人作业时间。机器人一旦进入编程姿态，整个生产线都将停止生产，所以效率低、成本高。

（2）示教技术无法完成十分复杂的机器人运动轨迹，从而限制了机器人的运动范围。

（3）焊枪的姿态对焊接质量有很大影响，示教时完全靠示教者的经验目测决定，对于复杂轨迹难以取得令人满意的效果。

（4）操作现场易受到干扰，示教一旦有误就要重新开始，不适应当今小批量、多品种的柔性生产的需要。

（5）不同的焊接位姿需要不同的焊接参数，而焊接参数的调整只能依靠操作者的技术和经验，焊接品质还是受到人为的影响。

（6）在柔性制造系统中，这种编程方式使得 CAD 数据库无法连接上，这对工厂实现 CAD/CAM/ROBOTICS 一体化不利。

（7）运动规划的失误会导致机器人之间以及机器人与固定物之间发生相撞，对生产具有破坏性。

（8）编程者安全性差，尤其是不适合太空、深水、核设施维修等极限环境下的焊接工作。

6.1.2　离线编程

早期的机器人主要应用于大批量生产（如在汽车自动生产线上的点焊与弧焊），编程所花费的时间相对比较少，机器人用示教的方式进行编程可以满足一定的要求。随着机器人应用到中小批量生产以及所完成任务复杂程度的增加，用示教编程就很难满足要求。

机器人学和计算机技术的迅猛发展，使传统生产模式变为高度自动化生产系统，而且这些系统与 CAD/CAM 相融合，实现了 CAD/CAM/ROBOTICS 一体化系统。在这种 CAD/CAM/ROBOTICS 一体化的复杂系统中，由于机器人工作环境的复杂性，对机器人及其工作环境乃至生产过程的计算机仿真是必不可少的。机器人仿真系统的任务，是在不接触实际机器人及其工作环境的情况下，通过图形技术，提供一个和机器人进行交互作用的虚拟环境。

机器人离线编程技术，是利用计算机图形学的成果，建立起机器人及其工作环境的模型，利用一些规划算法，通过对图形的控制和操作，在不脱离生产线的情况下进行轨迹规划。传统的离线编程技术可称为一种基于三维图形的屏幕示教。近年来，机器人自动编程技术受到各行的重视。离线编程技术的最高阶段是全自动编程，即只需输入工件模型，离线编程系统中的专家系统会自动制定相应的工艺过程，并最终生成整个加工过程的机器人程序。也可将这一技术比喻为“傻瓜编程”。

表 6-1 为示教编程和离线编程的比较。

表 6-1　示教编程和离线编程的比较

示教编程	离线编程
需要实际机器人系统和工作环境	需要机器人系统和工作环境的图形模型
编程时机器人停止工作	编程不影响机器人工作
在实际系统上试验程序	通过仿真试验程序
编程的质量取决于编程者的经验	用规划技术可进行最佳路径规划
很难实现复杂的机器人轨迹路径	可实现复杂运动轨迹的编程

与示教编程相比，离线编程系统具有如下优点：

（1）使编程者远离危险的工作环境，改善了编程环境。

（2）减少了机器人的停机时间。当对下一个任务进行编程时，机器人仍可在生产线上工作。

（3）能够实现多台机器人以及辅助外围设备的编程和协调控制。

（4）离线编程系统使用范围广，可以对各种机器人进行编程，并能方便地实现优化编程。

（5）可使用高级计算机编程语言对复杂任务进行编程。

（6）能够实现基于传感器的自规划功能。

机器人离线编程技术已被证明是一个有利的工具，用以提高生产率，降低成本，增加安全性等。

课堂笔记：

6.2 离线编程系统

6.2.1 离线编程系统的组成

一个完整的机器人离线编程系统至少应包括三维几何造型、运动学计算、轨迹规划、机器人运动的图形仿真、用户接口、语言转换和误差校正。

（1）三维几何造型　这是离线编程系统的基础，为机器人和工件的编程及仿真提供了可视的立体图像。

（2）运动学计算　这是系统中控制图形运动的依据，即控制机器人运动的依据。

（3）轨迹规划　用来生成机器人关节空间或直角空间里的轨迹，以保证机器人完成既定的作业。

（4）机器人运动的图形仿真　用来检验编制的机器人程序是否正确、可靠，一般具有碰撞检查功能。

（5）用户接口　要有友好的人机接口，并要解决计算机与机器人的接口问题。

（6）语言转换　要把仿真语言程序变换成被加载机器人的语言指令，以便命令实际机器人工作。

（7）误差校正　离线编程系统中的仿真模型〔理想模型）和实际机器人模型存在误差，产生误差的因素主要有机器人本身的制造误差、工件加工误差以及机器人与工件的定位误差等。未经校正的离线编程系统在工作时会产生很大的误差，因此，如何有效地校正误差，是离线编程系统实用化的关键。

6.2.2 离线编程典型系统

根据机器人离线编程系统的开发和应用情况，可将其分为三类，即商品化通用系统、企业专用系统和大学研究系统。其中商品化通用系统有 Workspace、IGRIP 和 ROBCAD 等，这些软件包价格昂贵，每个高达数万美元；企业专用系统有德国 NIS 公司的 RoboPlan、日本松下公司的 DTPS 和日本 NKK 公司的 NEW－BRISTLAN 等；大学研究系统有 Loughborough 大学的 WRAPS 和 Poitiers 大学的 SMAR 等。

（1）Workspace 系统　Workspace 系统是由美国 Robot Simulation 公司开发的商品化通用系统，是最先进的基于 PC 的机器人离线编程软件。它可用于点焊、弧焊、切割、喷漆等诸多领域，具有强大的图形示教功能和基于任务级编程语言的自动编程能力。

（2）RoboPlan 系统　RoboPlan 系统是 NIS 公司针对造船工业的弧焊机器人开发的。造船行业中的弧焊任务存在以下特点：工件尺寸大、仰焊、大量的几何变形、工件之间的相似性、标准部件和小批量等。RoboPlan 系统适应了这些特点，在 8～9 个月的时间内，就能对造船生产中的8000～9000 个不同的工件完成编程。RoboPlan 需在 UNIX 系统下最小 32MB 内存的条件下运行。对一些基本的结构形状，系统数据中存有现成的程序，当对某一实际工件进行编程时，系统会自动与这些形状进行比较，生成焊接路径，并可由人工进行修正。

（3）WRAPS 系统　WRAPS 系统是由 Loughborough 大学的 K. H. Goh 和 J. E. Middle 等人于 20 世纪 80 年代末开发的一个典型的用于焊接机器人的离线编程与专家控制系统。该系统不但具有离线编程功能，而且可以利用专家系统实时地控制加热焊接过程。该系统主要由造型模块、编程模块、接口模块和专家控制模块等组成，如图 6-1 所示。

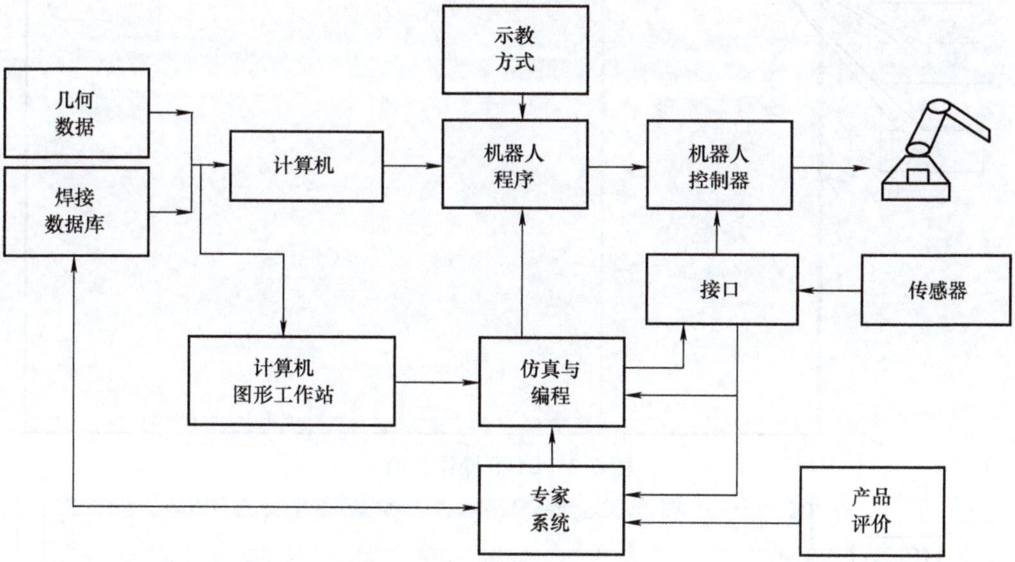

图 6-1　WRAPS 系统总体框图

课堂笔记：

6.3　DTPS 离线编程系统

日本松下 DTPS 系统（Desk Top Programming & Simulation System）为机器人离线示教模拟软件，可在 PC 上实现离线编程操作。DTPS 具有一次变换和移动、模拟高精度动作、显示三维动作、简易 CAD 功能等主要特点。

6.3.1　DTPS 操作界面

通过 Windows 安装程序包安装软件，在桌面或者快捷启动栏中找到应用程序图标 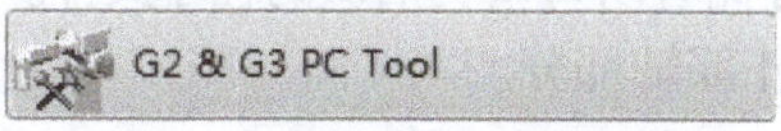

，双击打开，进入 DTPS 的操作界面，如图 6-2 所示。

DTPS 操作界面由菜单栏、工具栏、PC 文档及设备组成。以已经设置好的模拟示教设备链接为例，显示操作界面中的常用标签，如图 6-3 所示。

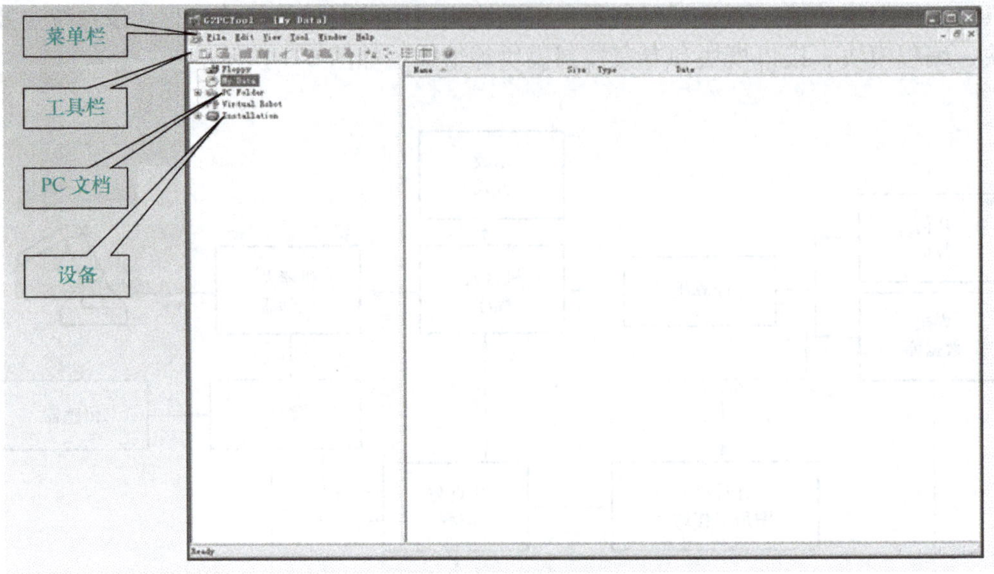

图 6-2 DTPS 操作界面

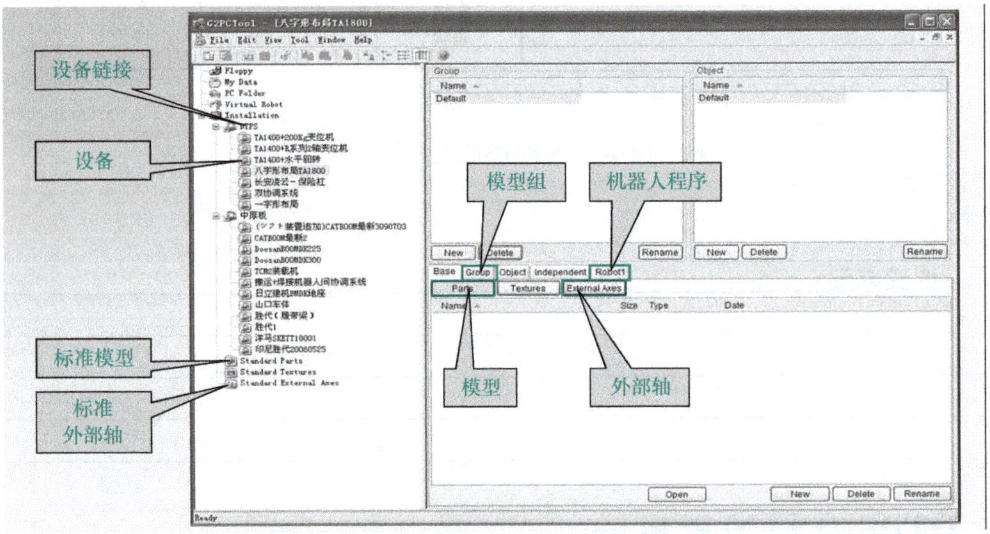

图 6-3 操作界面常用标签

① 设备链接：操作者可自行定义名称。

② 设备：在设备链接中添加的设备标签。

③ 标准模型标签：包含软件所附带的标准模型。

④ 标准外部轴标签：包含软件所附带的标准外部轴。

⑤ 模型组标签：包含 Parts、Textures、External Axes 三个标签内容，分别是模型标签、组织标签和外部轴标签。

⑥ 机器人程序：在这里常用的是 Program 程序标签，其中存储着以 . prg 为后缀的程序文件。

在操作界面中常用的标签主要有设备部分、模型部分和外部轴部分。

6.3.2 生成设备链接

在 G2PCTOOL –［Installation］主操作界面下，单击“File”→“Add Control”→“Installation Link…”（设备链接），在弹出的“Register the Installation Link”对话框中，给要建立的“Installation Link”（设备链接）命名，然后输入要建立的“Installation Link”（设备链接）的保存地址，还可以通过“Browse...”选择保存路径，选中“New”，单击“OK”确定“Installation Link”（设备链接）被新建，如图 6-4 所示。

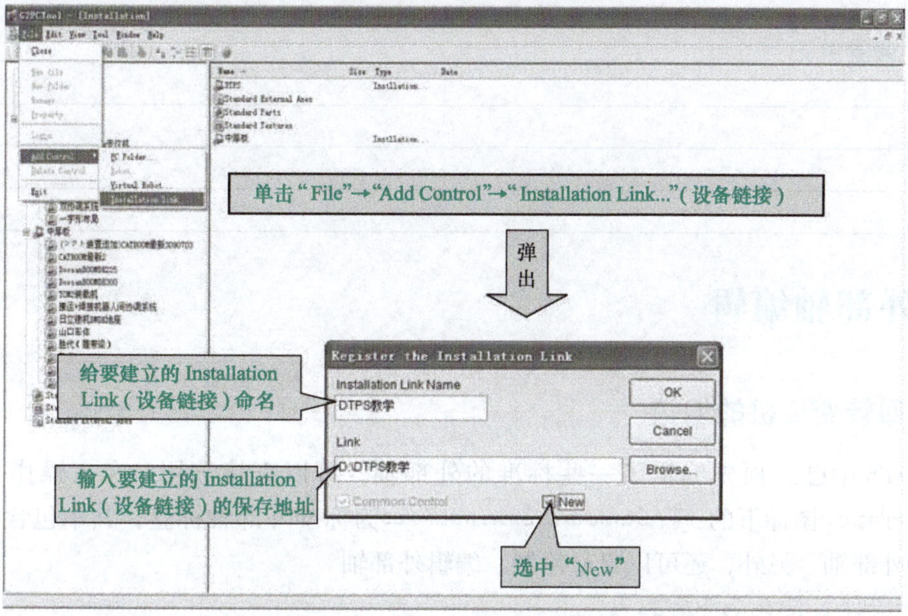

图 6-4　Installation Link（设备链接）的生成窗口

6.3.3　建立设备

右键单击建立的 Installation Link（自定义名称），单击弹出菜单的“Property”，在弹出的“Property”对话框中，单击“Add Installation”，如图 6-5 所示。

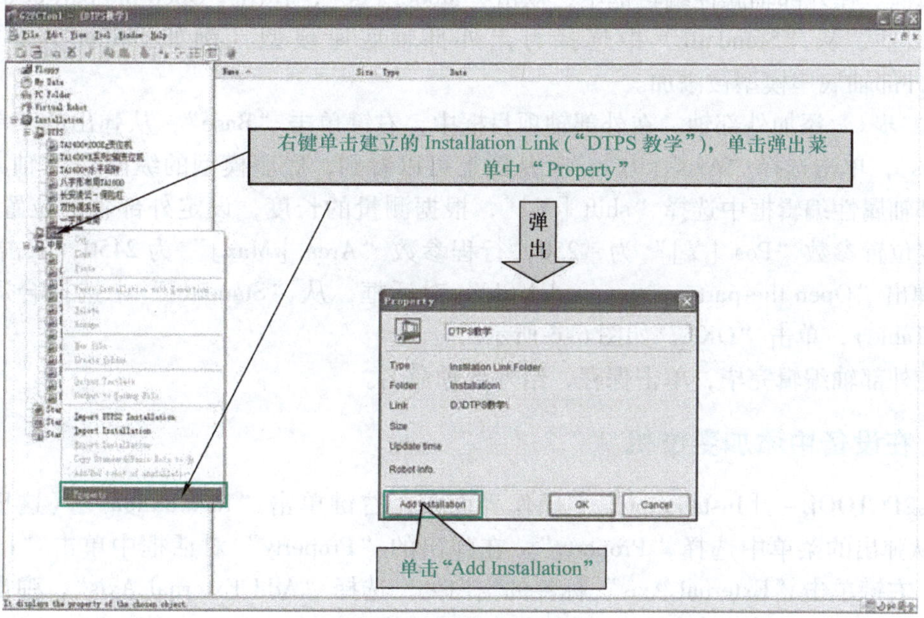

图 6-5　设备建立步骤

在弹出的“Add Installation”对话框中，输入新建的 Installation（设备）的名称，选择机器人的台数（此处以 1 台为例），单击“OK”后，在弹出的提示框中单击“YES”，退出。名称为“教学”的 Installation（设备）被建立了。

课堂笔记：

6.4 外部轴编辑

6.4.1 回转变位机的编辑

在 DTPS 中已经预先编辑了一些标准的外部轴，可以直接选用。在主操作界面中的 Installation图标下的 Standard External Axes为标准外部轴标签，其中包含软件所附带的标准外部轴。另外，还可以自己绘制、编辑外部轴。

6.4.2 行走变位机的编辑

操作步骤如下：

[第一步] 在 G2PCTOOL –［Installation］主操作界面下，选择“Group”标签下的“External Axes”，单击“New”按钮，弹出外部轴编辑框，其中包括外部轴项目框、外部轴属性编辑框。在外部轴属性编辑框中，双击“Model File”，弹出“Open the part or axis model file”对话框，从“Standard”中选择行走外部轴底座模型（例如 Shifter Base），单击“OK”，外部轴底座模型被添加。

[第二步] 添加外部轴。在外部轴项目框中，右键单击“Base”，从弹出的菜单中选择“Add axis”，单击选择“Axis［01］:”，从图上可以看到，底座模型的纵向是 Y 轴方向，因此在外部轴属性编辑框中选择“shift［Y］”，根据测量的长度，设定外部轴的位置和行程，此处设定位置参数“Pos［Y］”为 –250，行程参数“Area［Max］”为 2450，双击“Model File”，弹出“Open the part or axis model file”对话框，从“Standard”中选择合适的模型（Shifter Table），单击“OK”，如图 6-6 所示。

行走外部轴编辑完毕，单击保存，给外部轴命名。

6.4.3 在设备中添加变位机

在 G2PCTOOL –［Installation］主操作界面下，右键单击“Installation”（这里是“教学”），从弹出的菜单中选择“Property”，在弹出的“Property”对话框中单击“Installation Editor”。右键单击“External Axis”标签的空白处，选择“Add External Axis”，弹出“Open the part or axis model file”对话框，从“Group”中选择一个已经建立好的模型（例如双持 2

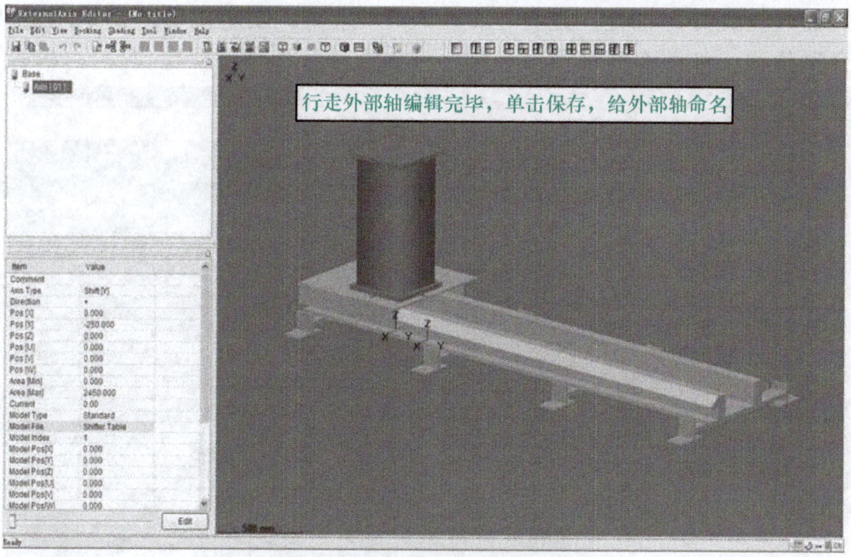

图 6-6　行走变位机的模型

轴变位机），单击“OK”，模型被添加。

在“Installation Editor”操作界面下，属性编辑窗口中的“Position”标签中设定变位机的位置，例如离机器人 1500mm，那么这里的参数 X 设定为 1500mm，如图 6-7 所示。

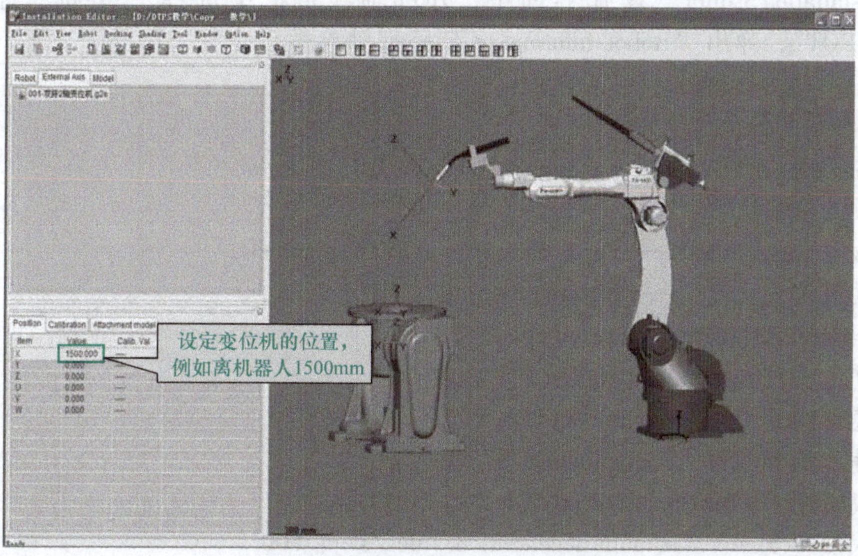

图 6-7　设定变位机的位置参数

右键单击“External Axis”标签的空白处，选择“Add External Axis”，弹出“Open the part or axis model file”对话框，从“Group”中可选择一个已经建立好的另一个模型。

6.4.4　建立机器人和变位机的关联（设定外部轴）

在“Installation Editor”操作界面下，在外部轴项目框中选择“Robot”标签，单击“External Axis”标签，按住“Ctrl”键，单击各个轴，设定 G1、G2、G3 三个外部轴，G1 和 G2 轴为回转轴，G3 为倾斜轴。双击“Link”后，选择“Robot”，建立机器人和外部轴的关联，将机器人放到外部轴上。选择“Position”标签，设定机器人 Z 向位置 990mm，把机器人调到合适位置，如图 6-8 所示。

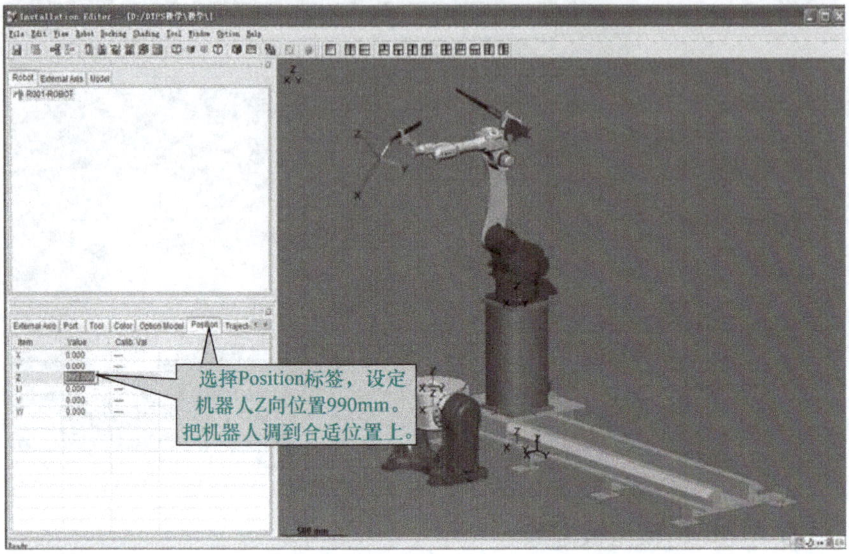

图 6-8　建立机器人和变位机的关联参数

在“Installation Editor”操作界面下，外部轴项目框中选择“Robot”标签，双击“R001 - ROBOT”，弹出“Robot information”外部轴参数设定窗口，选择“External Axis”标签，G1、G2 轴为回转轴。

外部轴参数的各个选项如下：

① 轴的类型：回转/倾斜——Type：Rotation/Tilt

② 该轴的基轴是哪个轴？——Base Axis：G1

③ 伺服电动机的功率——Servo parameter：750W parameter

④ 电动机是否反转？——Reverse direction：NO

⑤ 编码器的脉冲数——Encoder pulse：2048

⑥ 减速比——Deceleration ratio：1/1

⑦ 减速比的分子——Numerator：32

⑧ 减速比的分母——Denominator：5757

⑨ 最高转速——Maximum speed [deg/s]：150

⑩ 最大加速度——Maximum acceleration [deg/s^2]：500

⑪ 环路增益——Loop gain [1/s]：15

⑫ 正方向最大转动角度——Motion range (Upper)：3600

⑬ 反方向最大转动角度——Motion range (Lower)：-3600

设定好所有参数后，单击“OK”，如图 6-9 所示。

在“Robot information”外部轴参数设定窗口中，选择“Mechanism”标签，双击“Value”，在“G1”选项中选中“Use”，单击“OK”。

设定机器人与外部轴的协调：在“Installation Editor”操作界面下，单击“Robot”菜单下的“Option”，弹出“Option”窗口，在“Harmonic”选项下选中“External Axis”，单击

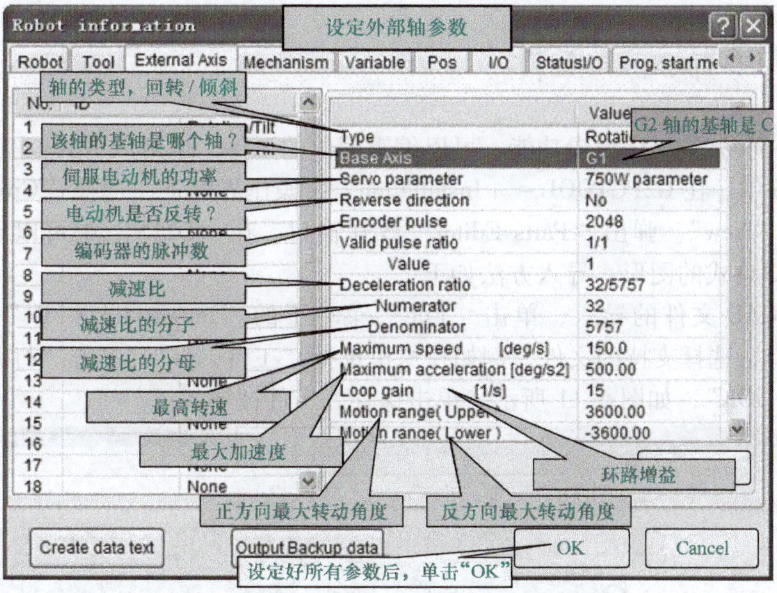

图 6-9　设定外部轴参数

“OK”。单击保存图标，外部轴设定完毕，如图 6-10 所示。

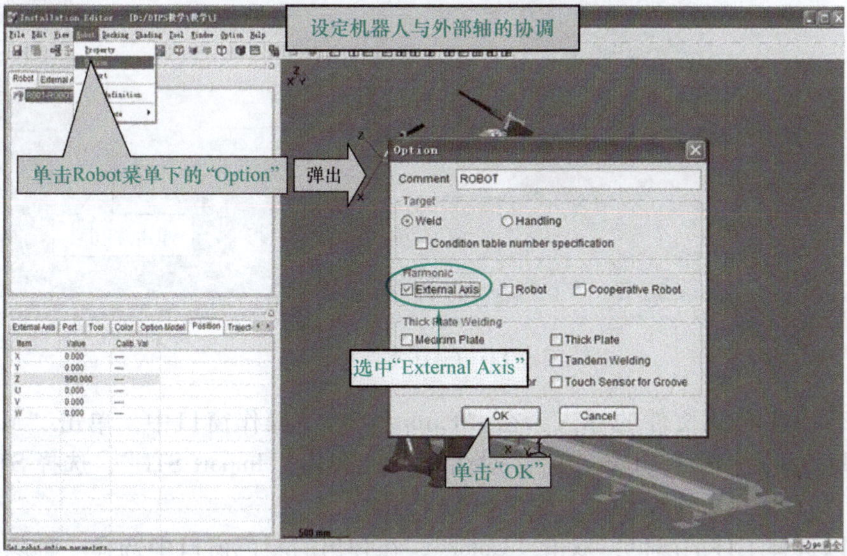

图 6-10　设定机器人与外部轴的协调

课堂笔记：

6.5 编辑（导入）工件

DTPS 具备简易的 CAD 编辑功能，可以编辑简单的工件，也可以将其他三维软件编辑的工件导入 DTPS 中。在 G2PCTOOL－［Installation］主操作界面下，选择“Group”标签中的“Parts”，单击“New”。弹出“Parts Editor”操作窗口，在“DTPS”中可以导入 . igs/. dxf/. STL/. VRML 等格式的图形，导入方法如下。

【方法 1】CAD 文件的导入，单击“File”菜单下的“Import CAD File”，弹出“Open CAD File”窗口，选择支持的文件，例如在这里选择“工件. igs”，单击“打开”，在弹出的对话框中单击“OK”，如图 6-11 所示，单击保存，工件被导入。

图 6-11 CAD 文件的导入

【方法 2】STL 格式文件的导入，在“Parts Editor”操作窗口中，单击“Mash”，弹出“Element Edit Index［1］Position［1］”对话窗口，单击“ Import STL”，选择 STL 文件，单击“打开”，STL 格式文件被导入，如图 6-12 所示。

另外可以选择工件的颜色：双击“Color”，在弹出的颜色窗口中选择一种颜色后，单击“确定”。

【方法 3】简单工件的编辑，单击“Standard parts”按钮，弹出“Create Standard parts”对话窗口，如图 6-13 所示。

在“Create Standard parts”对话窗口中，选择“Plate”，这是一个平面体模型。设定参数，这里设定 W＝500、D＝400、R＝0、H＝300，双击更改颜色，单击“OK”。继续单击“Standard parts”按钮，在“Create Standard parts”对话窗口中，选择“Cylinder Pipe”，这是一个空心圆柱体模型，设定参数，这里设定 T＝20、R＝50、H＝100，双击更改颜色，单击“OK”。圆柱体被建立。

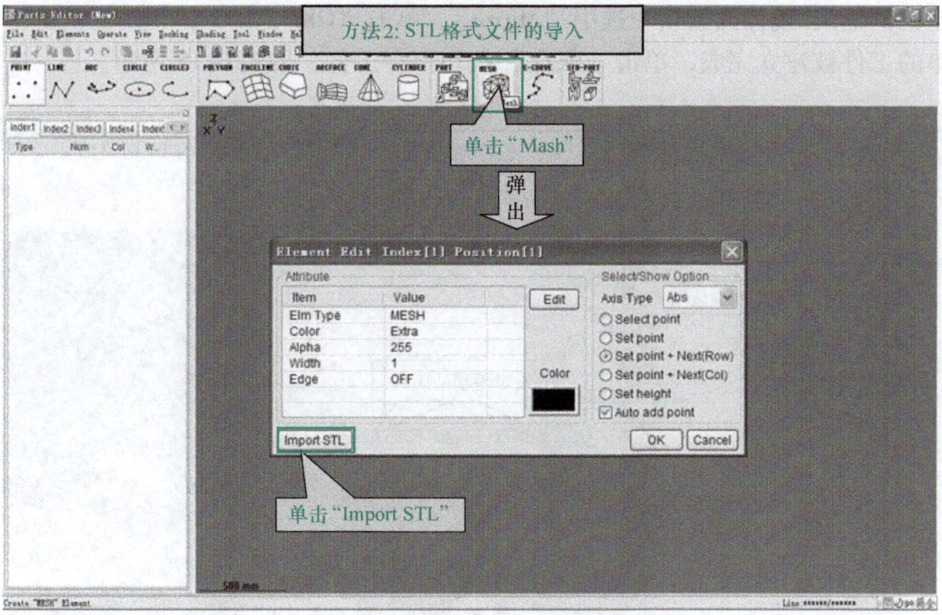

图 6-12　STL 格式文件的导入

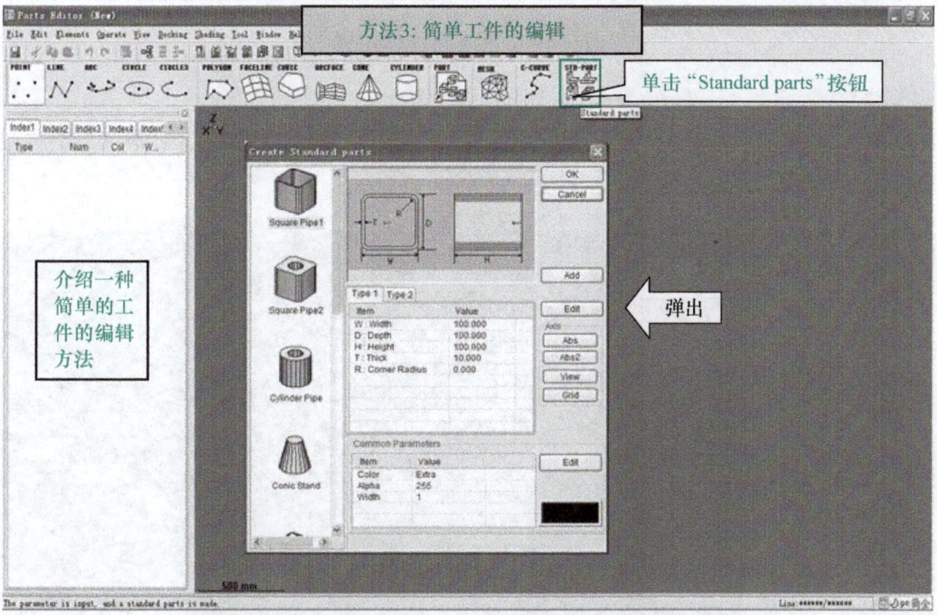

图 6-13　简单工件的编辑步骤

下面更改圆柱体的位置，在左侧的“index1”标签下，右键单击圆柱体名称，在提示列表中选择“Transfer”，在弹出的“Transfer Elements”对话窗口中可以设定比例缩放/镜像、平移距离、旋转，这里设定平移距离 X = 150、Z = 300，单击“OK”，如图 6-14 所示。

再建一个圆柱体，在左侧的“index1”标签下，右键单击圆柱体名称，在提示列表中，选择“Copy”。再右键单击圆柱体，选择“Paste”，弹出“Paste Elements”对话窗口，在窗口中设定比例缩放/镜像的选项中选中“Mirror”，单击“OK”。

简单的工件被建立完成，单击“保存”按钮保存工件，如图6-15所示。

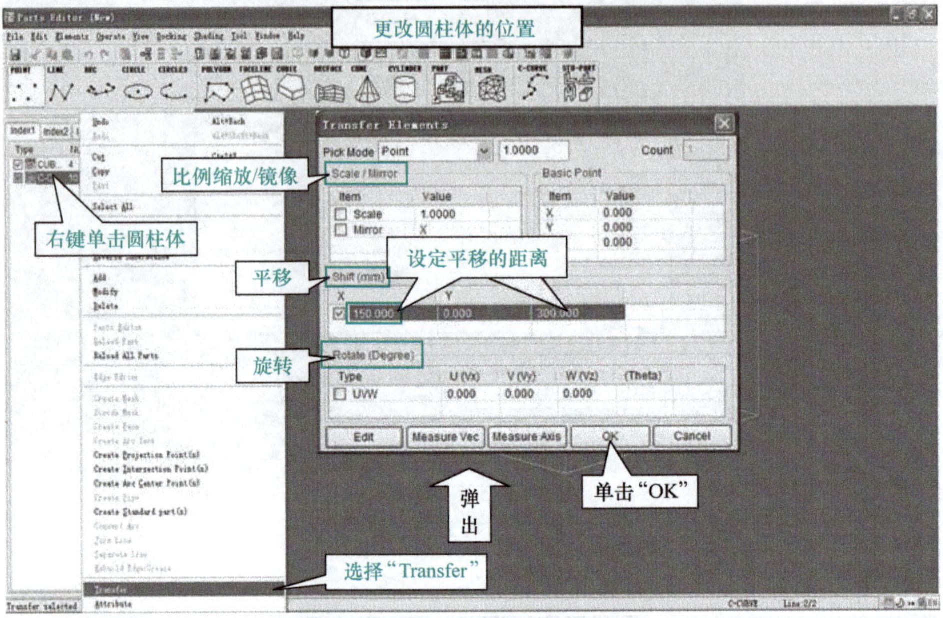

图6-14　更改圆柱体位置

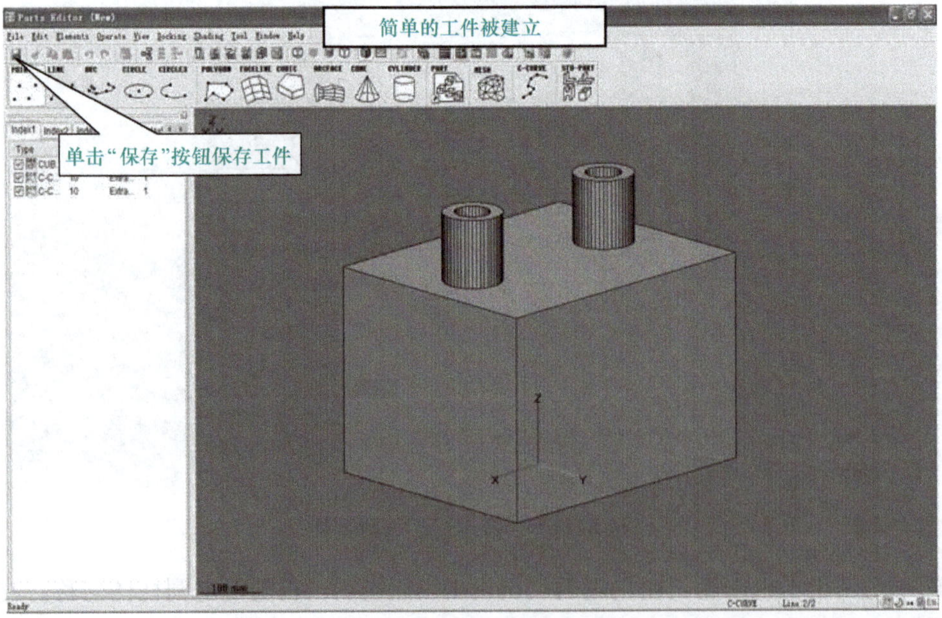

图6-15　简单工件

课堂笔记：

6.6　程序编辑

6.6.1　打开程序编辑窗口

在 G2PCTOOL －［Installation］主操作界面下，选择“Robot1”标签，单击“New”，弹出“Setting new program”对话窗口，单击“OK”，弹出程序编辑窗口，如图 6-16 所示。

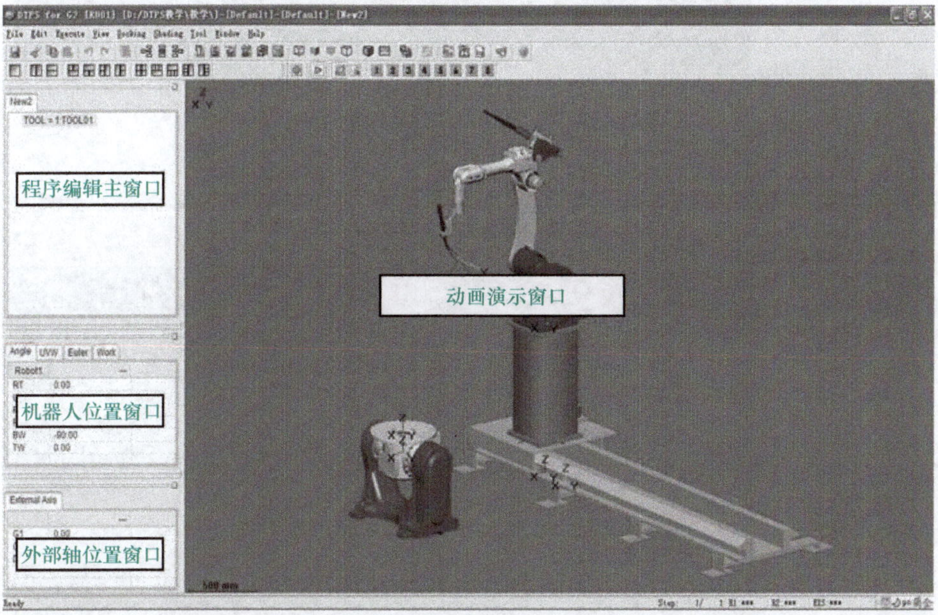

图 6-16　程序编辑窗口

程序编辑窗口主要分为四部分：程序编辑主窗口、机器人位置窗口、外部轴位置窗口、动画演示窗口。

6.6.2　添加工件

右键双击该窗口任意位置，在列表中选择“Work”，弹出“Work Setting”对话窗口，双击“File”，弹出“Open Work”对话窗口，选择“Group”标签中的工件，单击“OK”，如图 6-17 所示。

在“Work Setting”对话窗口中，双击“Arrangement Object”，由于工件在 G2 轴上，所以选择“G2”，编辑工件的位置，例如转 90°，参数设定完毕，单击“OK”，这样工件就被装到了设备上，如图 6-18 所示。

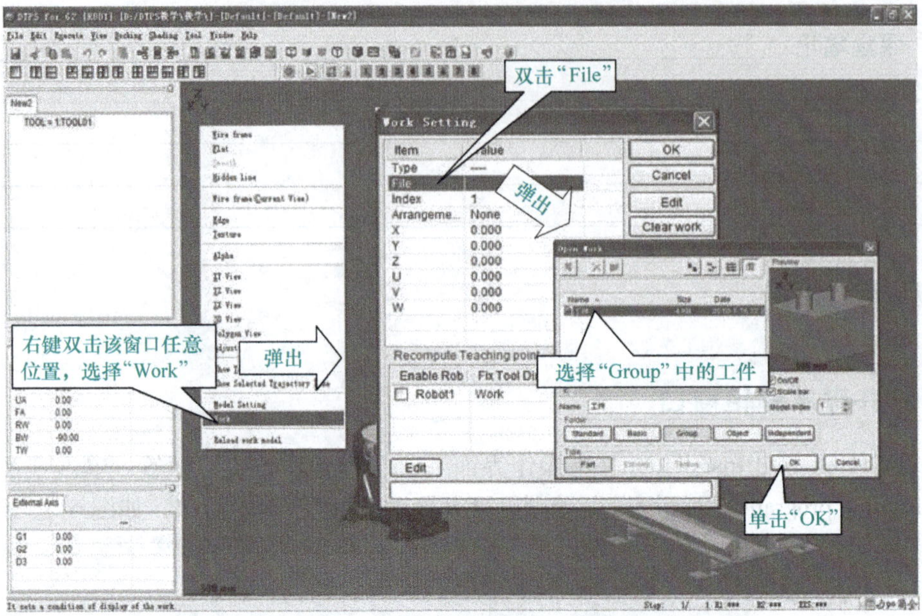

图 6-17 添加 Group 标签中的工件

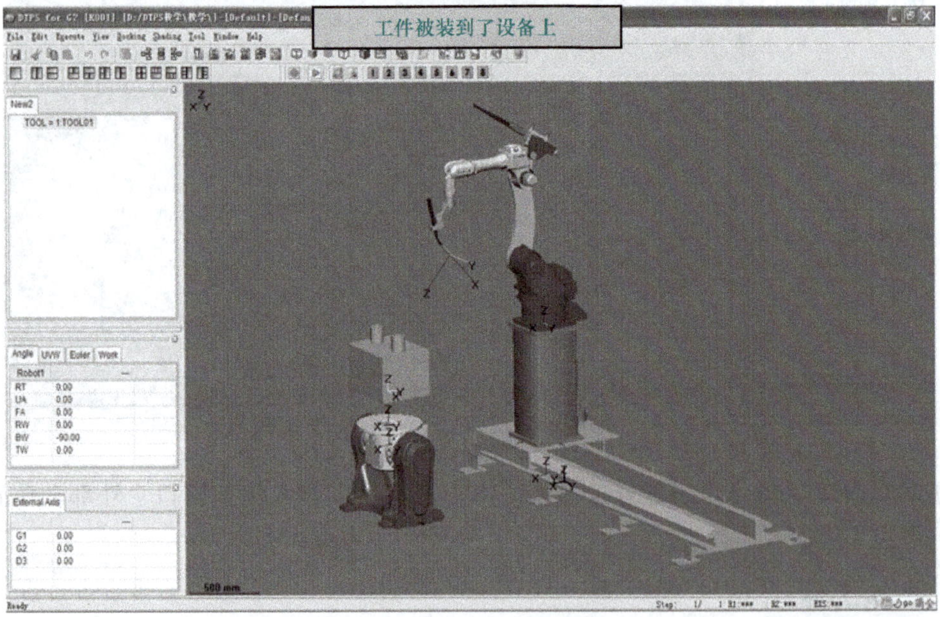

图 6-18 安装工件

6.6.3 机器人原点位置的设定

右键单击编程主窗口的任意位置，从菜单列表中选择“Home position…”，弹出“Home position list”对话窗口，在此窗口下单击“New”，单击“Rename”，可以给原点命名，这里使用 HOME 命名机器人原点位置，如图 6-19 所示。

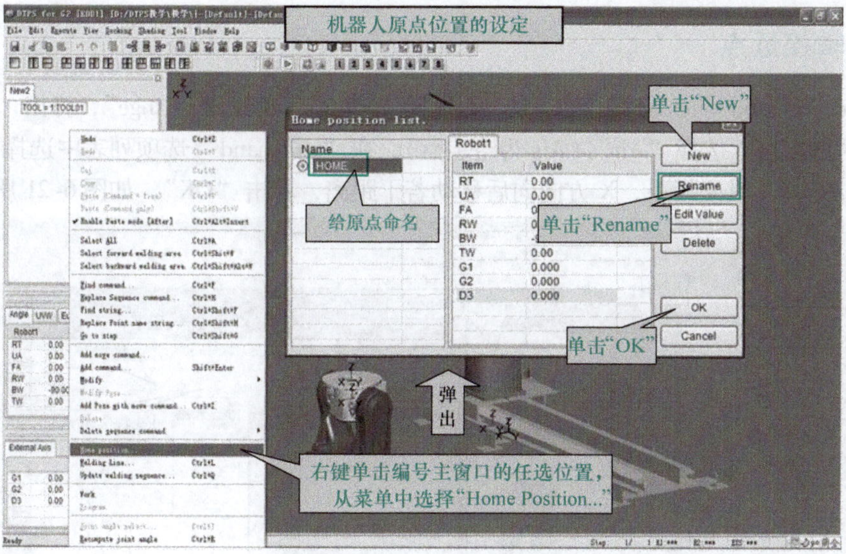

图 6-19　机器人原点位置设定

右键单击编程主窗口的任意位置，从菜单中选择"Add Pose with move command…"，弹出"Add Pose and command"窗口，右键单击"Home"，选择"HOME"，单击"OK"。

6.6.4　编辑焊接示教点

首先单击"External Axis"，将 G1 轴转 45°，单击"Change"，弹出"Modify move command"对话窗口，在"command"选项列表中选择"MOVEC +"，选择"Weld"（Weld 为焊接点），单击"OK"，单击"Robot1"标签，使用各个坐标系，修改焊枪角度到合适位置，单击"OK"。按住"Ctrl"键，单击第一个点，如图 6-20 所示。

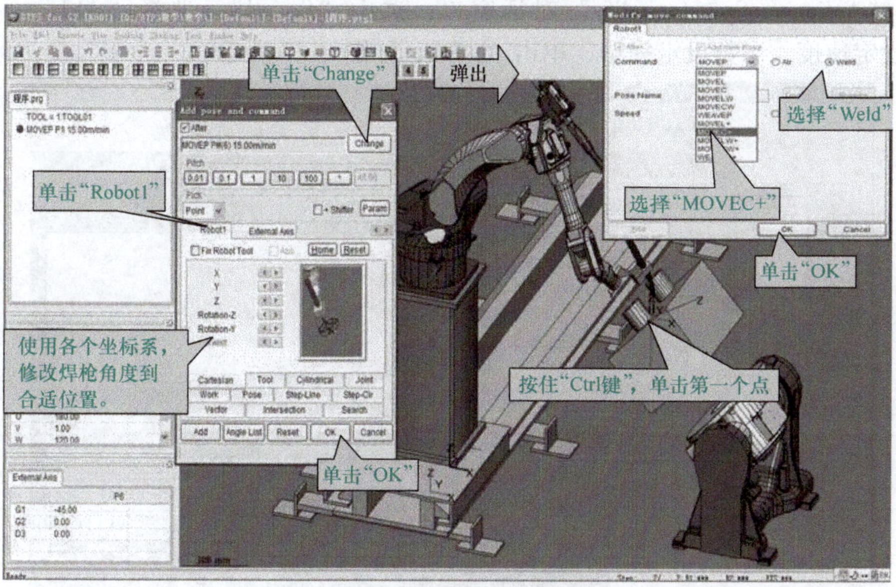

图 6-20　编辑焊接示教点步骤

6.6.5　编辑接近点

在“Add Pose and command”窗口中，不选择“After”，单击“Change”，弹出“Modify move command”对话窗口，选择“Air”（Air 为空走点），在“command”选项列表中选择“MOVEL”，单击“OK”。选择工具坐标系，X 方向向后移动若干距离，单击“OK”，如图 6-21 所示。

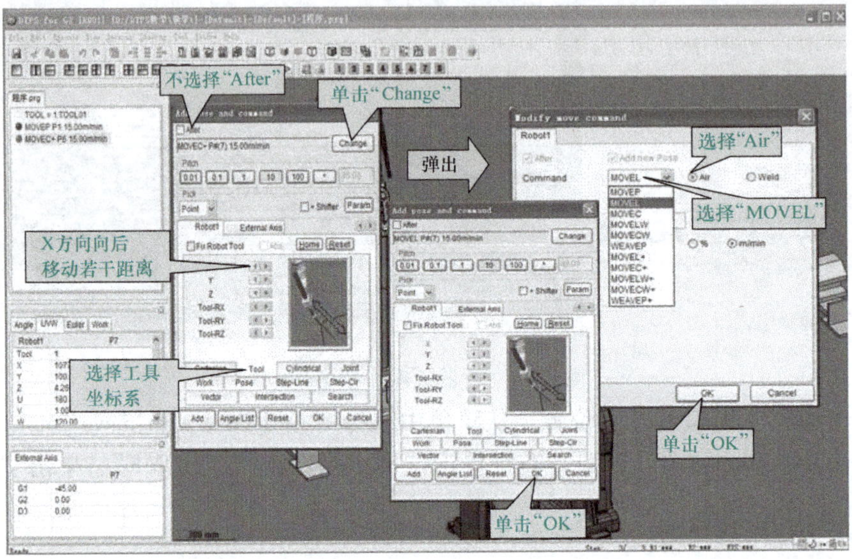

图 6-21　编辑接近点步骤

6.6.6　批量编辑点的属性

选择若干个点，右键单击选择的点，在列表中单击“Modify”→“Action & Speed Modify”，弹出“Action & Speed modify”对话窗口，选中“Speed”，选择“ALL”“WELD”“AIR”，设定速度，参数设定完毕，单击“OK”，如图 6-22 所示。

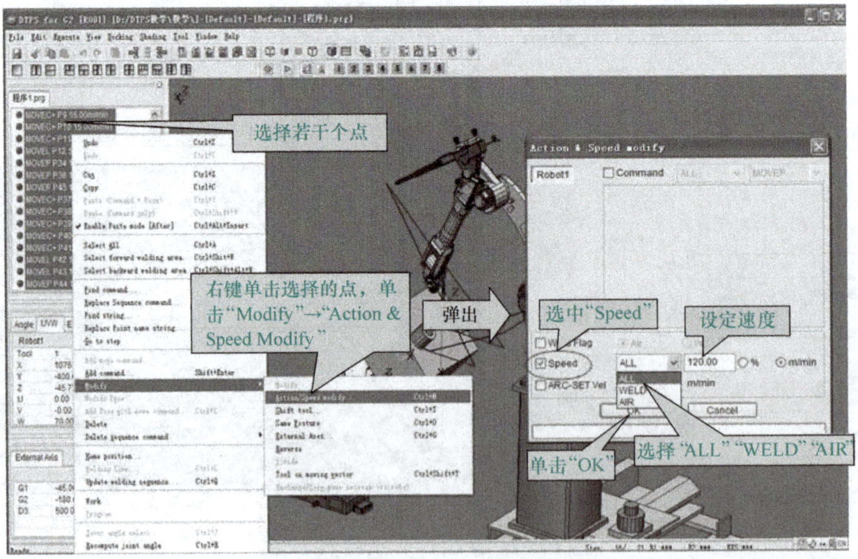

图 6-22　批量编辑点的属性

程序编辑完毕，单击“保存”，并给程序命名，一般设定空走速度为 10m/min，焊接速度为 0. 5m/min。

6. 6. 7　编程

编程直线和圆弧组合选取 7 个点位 P2—P3—P4—P5—P6—P7—P8，单击所需要的选取点位，此方法比示教操作简单，方便操作，配合机器人运动参数可以更好地选取点位，如图 6-23 所示。

在选取点位后，配合点位的参数，计算机软件自动生成程序窗口显示：

```
Begin of program
TOOL = 1：TOOL01
MOVEP P1，10. 00m/min
MOVEL P2，3. 00/min
MOVEC P3，3. 00m/min
ARC - SET AMP = 120 VOLT = 19 S = 0. 45
ARC - ON ArcStart1. prg RETRY = 0
MOVEC P4，10. 00m/min
MOVEC P5，10. 00m/min
MOVEC P6，10. 00m/min
MOVEC P7，10. 00m/min
CRATER AMP = 100 VOLT = 15. 0 T = 0. 5
ARC - OFF ArcEND1. prg RETRY = 0
MOVEL P8，10. 00m/min
```

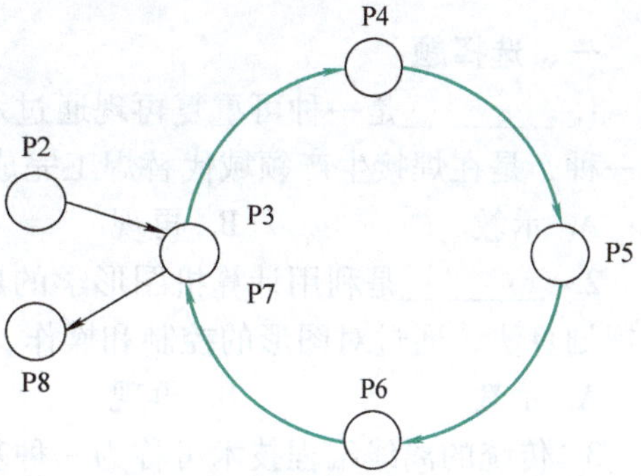

图 6-23　机器人焊接圆柱体点位选取路径

以相同方式编辑另一个圆柱体焊接程序，并在 DTPS for G2［R001］程序编辑操作界面下，单击“Execute”标签下的“Continuous Simulation”，在弹出的对话框中单击“Execute”，完成机器人模拟示教，如图 6-24 所示。

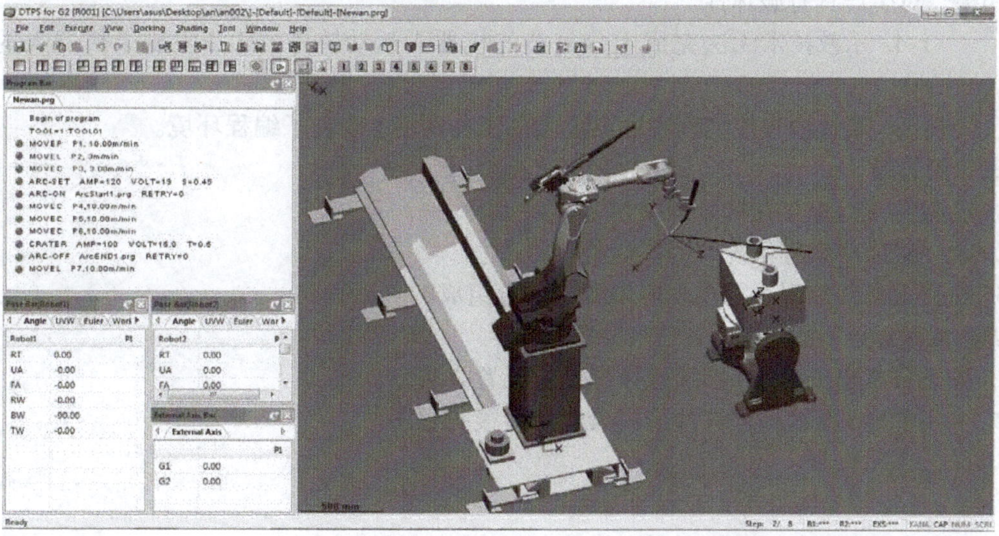
图 6-24　模拟示教窗口

课堂笔记：____

【综合练习】

一、选择题

1. ________是一种可重复再现通过示教编程存储起来的作业程序。焊接机器人是其中的一种，是在焊接生产领域代替焊工完成焊接任务。

A. 示教　　B. 再现　　C. 示教再现　　D. 离线编程

2. ________是利用计算机图形学的成果，建立起机器人及其工作环境的模型，利用一些规划算法，通过对图形的控制和操作，在不脱离生产线的情况下进行轨迹规划。

A. 示教　　B. 再现　　C. 示教再现　　D. 离线编程

3. 传统的离线编程技术可称为一种基于________的屏幕示教。

A. 三维图形　　B. 二维图形　　C. 三维数码　　D. 二维数码

4. 离线编程技术的最高阶段是________。

A. 全自动编程　　B. 人工编程　　C. 半自动编程　　D. 示教编程

二、判断题（正确的打“√”，错误的打“×”）

（　　）1. 必须停止生产才能对焊接机器人进行示教再现编程。

（　　）2. 机器人仿真系统的任务是在不接触实际机器人及其工作环境的情况下，通过图形技术，提供一个和机器人进行交互作用的虚拟环境。

（　　）3. 在离线编程时，运动规划的失误会导致机器人之间以及机器人与固定物之间发生相撞，对生产具有破坏性。

（　　）4. 示教技术无法完成十分复杂的机器人运动轨迹，从而限制了机器人的运动范围。

（　　）5. 离线编程使编程者远离危险的工作环境，改善了编程环境。

三、简答题

1. 示教再现编程存在哪些不足？
2. 说一说离线编程系统有哪些优势。
3. 机器人离线编程系统至少应由哪些部分组成？

四、实践题

1. 熟悉日本松下 DTPS 系统操作界面及设置方法。
2. 利用 DTPS 离线编程软件编写典型焊接接头程序。

部分综合练习答案

绪论

一、选择题

1. B 2. B 3. D 4. C

二、判断题

1. √ 2. × 3. √ 4. √

第 1 章

一、选择题

1. A 2. D 3. C 4. A 5. B 6. A 7. C 8. C 9. A 10. B
11. A 12. C 13. B

二、判断题

1. √ 2. × 3. √ 4. × 5. × 6. √ 7. √ 8. √

第 2 章

一、选择题

1. B 2. A 3. A 4. B 5. D 6. C 7. B 8. D 9. B 10. A
11. A

二、判断题

1. √ 2. × 3. √ 4. √ 5. √ 6. √ 7. × 8. √

第 3 章

一、选择题

1. D 2. B 3. A 4. D 5. A 6. C 7. A 8. B 9. A 10. C
11. A 12. B 13. A 14. B 15. C

二、判断题

1. √ 2. √ 3. × 4. √ 5. × 6. ×

第 4 章

一、选择题

1. C 2. A 3. D 4. B 5. D 6. B 7. B 8. B 9. C 10. D
11. D 12. C 13. A 14. C 15. B

二、判断题

1. × 2. × 3. × 4. √ 5. √

第 5 章

一、选择题

1. A 2. B 3. B 4. C 5. C 6. A

二、判断题

1. √　2. ×　3. √　4. √　5. √

第 6 章

一、选择题

1. C　2. D　3. A　4. A

二、判断题

1. √　2. √　3. ×　4. √　5. √

参考文献

[1] 林尚扬．焊接机器人及其应用［M］．北京：机械工业出版社，2000.

[2] 刘伟，周广涛，王玉松．焊接机器人基本操作及应用［M］．北京：电子工业出版社，2012.

[3] 李荣雪．弧焊机器人操作与编程［M］．北京：机械工业出版社，2011.

[4] 陈祝年．焊接工程师手册［M］．北京：机械工业出版社，2002.

[5] 张建勋．现代焊接生产与管理［M］．北京：机械工业出版社，2005.

[6] 叶琦．焊接技术［M］．北京：化学工业出版社，2005.

[7] 吴振彪，王正家．工业机器人［M］．武汉：华中科技大学出版社，2006.

[8] 陈恳，杨向东，刘莉，等．机器人技术与应用［M］．北京：清华大学出版社，2006.

[9] 村上喜作．弧焊机器人及其应用案例［J］．电焊机，2009，39（4）：1－8.